新手父母

＼史上最強、最貼心／
營養師媽媽K力
副食品影音教學全書
全新修訂版

K力（蔡幸芳）◎著

目錄

史上最強、最貼心 K力副食品影音教學全書

[推薦序] 積極練習，依月齡選擇適當的食物型態／蔡呈穗 ……………13

[自　序] 快樂做副食品，快樂當媽媽 ……………………………………16

Part 1 副食品食用指南

- 什麼是副食品？ ……………………………………………………………20
- 何時開始吃副食品？ ………………………………………………………20
- 副食品各階段懶人表
  - 四階段副食品食用建議 ……………………………………………23
  - 四階段副食品製作範例 ……………………………………………24
- 餵食副食品重要原則 ………………………………………………………26
- 0 至 3 歲奶量與副食品所需熱量 …………………………………………29
- 寶寶飲用水量與飲水方法 …………………………………………………31
- 需注意的食材與常見的過敏反應 …………………………………………32

Part 2 副食品製作

- 副食品製作工具 ……………………………………………………………36
- 副食品餐具推薦 ……………………………………………………………38
- 副食品保存工具 ……………………………………………………………40
- 副食品食材測量方式 ………………………………………………………42
- 副食品食材處理、保存與美味秘訣 ………………………………………43

> 編按：目錄圖示說明　食譜影音教學
> 含肉蛋白副食品　親子共食
> 寶寶手指食物　快速一週副食品

- 副食品製作技巧分享 50
- 常見的料理方式與術語說明 52
- 培養孩子一同用餐的好習慣 54
- 一目了然的階段副食品 56
- 常見 Q&A 58

[副食品基礎製作] 高湯的熬煮與使用 60

- 昆布香菇高湯 61
- 蔬菜高湯 62
- 豬軟骨高湯 63
- 雞高湯 64
- 牛肉高湯 65
- 蝦高湯 66
- 虱目魚骨高湯 67

[副食品基礎製作] 辛香料製作與用法 68

- 生薑、蒜頭、青蔥、九層塔、香菜 69

[副食品基礎製作] 寶寶醬油／鮮味粉製作與用法 70

- 寶寶醬油 70
- 香菇粉、櫻花蝦粉、乾燥海帶芽／昆布粉、柴魚片粉 ..71

P69

P70

P71

[副食品基礎製作] 醬料製作與用法 72

- 番茄紅醬 72
- 蘿勒青醬 73
- 奶油白醬 74
- 豆漿松子美乃滋（蛋黃醬）..............75
- 優格醬 76

P72

P74

Part 3 副食品實戰篇

第一階段：副食品初期（4〜6個月）

- 副食品初期方式 78
- 副食品初期餵食檢查重點 79
- 4〜6個月寶寶作息示範 81
- 滿4、5個月的副食品計畫表 82
- 滿6個月的副食品計畫表 84

滿4、5個月寶寶的食譜

- 米湯 86
- 十倍粥米糊 87
- 小黃瓜泥／米糊 88
- 小松菜米糊 89
- 香甜滑順玉米泥／米糊 90

P88

P90

4

- 輕鬆去皮的青椒泥米糊 91
- 洋蔥泥米糊 92
- 神奇洋蔥水 93
- 黑木耳泥／米糊 94
- 不會黑的蘋果泥 95
- 預防便秘的黑棗泥 96
- 豆芽菜米糊 97
- 雪白菇米糊 98
- 白蘿蔔米糊 99
- 地瓜米糊 100
- 火龍果米糊 101

P91

P95

6個月寶寶的食譜

- 香蕉花椰菜米糊 102
- 鳳梨甜菜根米糊 103
- 秋葵櫛瓜泥 104
- 芭樂馬鈴薯泥 105

快速一週副食品 106

- 毛豆番茄米糊 107
- 南瓜大白菜十倍粥 108
- 紅蘿蔔紅杏菜金針菇十倍粥 109
- 冬瓜枸杞葉八倍粥 110
- 豆腐花椰菜八倍粥 111

P104

P109

含肉蛋白副食品

- 鱸魚二吃 112
- 魩仔魚甜豆八倍粥 113
- 鯛魚胡蘿蔔白花菜八倍粥 114
- 雞肉泥 115
- 雞肉蘑菇八倍粥 116
- 豬肉泥 117
- 豬肉嫩筍青江菜八倍粥 118
- 牛肉泥 119
- 牛肉梨子八倍粥 120
- Q 溜白木耳梨子泥 121

P113

P116

寶寶的健康點心

- 無油地瓜薯條 122
- 馬鈴薯可樂球 123
- 地瓜優格餅 124
- 花紋雞蛋網餅 125
- 南瓜蘋果蛋捲 126

P122

P124

第二階段：副食品中期（7～9 個月）

- 副食品中期方式 127
- 副食品中期餵食檢查重點 128

- 7～9個月的寶寶作息示範 129
- 滿7～9個月的副食品計畫表 130
- 滿9個月的副食品計畫表 132

滿7～8個月寶寶的食譜

- 蛋黃絲瓜八倍粥 134
- 地瓜鴻喜菇七倍粥 135
- 山藥雞肉玉米蘋果七倍粥 136
- 黃綠紅牛肉七倍粥 137
- 雞蛋嫩豆腐 138
- 嫩豆腐時蔬六倍粥 139
- 筊白筍菜豆豆薯六倍粥 140
- 雞肉櫛瓜紫菜六倍粥 141
- 牛肉菠菜黑米六倍粥 142
- 冬瓜蝦仁六倍粥 143
- 白帶魚高麗菜麵線 144
- 豬肉南瓜數字麵 145
- 黑棗豬肉粥 146
- 豬肝黃瓜米粉糊 147
- 燕麥繽紛水果粥 148
- 香甜核果疙瘩糊 149

P135

P141

P145

P149

滿 9 個月寶寶的食譜

寶寶手指食物

- 絲瓜蛤蜊麵線 ………… 150
- 松子豆奶麵 ………… 151
- 手指翡翠魚片 ………… 152
- 豆腐雞肉蘋果丸子 ………… 153
- 燕麥雞蛋玉子燒 ………… 154
- 蛋皮蔬菜卷 ………… 155
- 黃豆煎餅 ………… 156
- 鮮蝦燕麥嫩糕 ………… 157
- 小金魚餛飩湯 ………… 158
- 玉米蛋糕 ………… 159
- 棒棒糖饅頭 ………… 160
- 糙米小披薩 ………… 161
- 香蕉鬆餅 ………… 162
- 牛肉米腸 ………… 163

P150

P152

P155

寶寶的健康點心

- 紅棗黑木耳露 ………… 164
- 水果豆花 ………… 165
- 綠豆湯佐芭樂凍 ………… 166
- 天然起司 ………… 167

P165

第三階段：副食品後期（10～12個月）

- 副食品中期方式＆餵食檢查重點...........168
- 12個月後的寶寶作息示範 169
- 滿10～12個月的副食品計畫表 170

滿10～12個月寶寶的食譜

- 鮮百合黑棗粥 172
- 香濃滑蛋牛肉粥 173
- 百合牛肉濃粥 174
- 牡蠣芹菜濃粥 175
- 山藥秋葵蓋飯 176
- 馬鈴薯沙拉拌豆漿美乃滋 177
- 蛤蜊番茄起司燉飯 178
- 雞腿蒜苗炊飯 179
- 雞肉珍珠麵 180
- 義式番茄肉醬義大利麵 181
- 馬鈴薯麵疙瘩 182
- 蔥花蛋餅 183
- 黃瓜鑲山藥肉丸 184
- 蘆筍沙拉 185
- 蝦仁飯蒸蛋 186

P173

P181

P183

P186

寶寶手指食物

- 自製寶寶豬肉鬆 187
- 寶寶肉燥 188
- 麵線烘蛋 189
- 義大利蔬菜烘蛋 190
- 蛋香米餅 191
- 鮮蝦櫛瓜餛飩 192
- 虱目魚起司棒 193
- 山藥魚肉蒸糕 194
- 芝麻翡翠飯糰 195
- 蘿蔔糕 196
- 玉米南瓜溫沙拉 197
- 小黃瓜蔓越莓優格沙拉 198
- 義式油漬小番茄 199
- 手揉地瓜饅頭 200
- 義大利奶油玉米糕 Polenta 201

P190

195

P201

寶寶的健康點心

- 香脆磨牙牛奶棒 202
- 酪梨鮮奶酪 203
- 香蕉優格冰棒 204
- 柳橙可爾必思 205

P203

第四階段：副食品完成期（12～24個月）

- 副食品完成期方式 **206**
- 副食品完成期檢查重點 **206**
- 12 個月後的寶寶作息示範 **207**
- 1 歲以後的副食品計畫表 **208**

滿 12 個月寶寶的食譜

親子共食

- 鳳梨炒飯 **210**
- 鮭魚高麗菜蛋炒飯 **211**
- 薑燒牛肉洋蔥蓋飯 **212**
- 寶寶咖哩飯 **213**
- 米發糕 **214**
- 番茄牛肉麵 **215**
- 日式海鮮烏龍麵 **216**
- 彩色小水餃 **217**
- 卡滋卡滋炸雞塊 **218**
- 馬鈴薯千層派 **219**
- 寶寶牛排 **220**
- 一鍋煮牛肉 **221**
- 照燒牛肉秋葵卷 **222**
- 薑香麻油豬肝 **223**
- 台式九層塔煎蛋 **224**

P211

P218

P219

P222

親子共食

- 木須滑蛋 225
- 韓式涼拌菠菜 226
- 三杯杏鮑菇 227
- 芹菜丸子湯 228
- 梅漬涼拌苦瓜 229
- 鮮鳳梨苦瓜雞湯 230
- 奶油地瓜起司燒 231
- 免手揉小餐包 232
- 寶寶披薩 233
- 香蕉藍莓卷 234
- 蔓越莓奶酥抹醬吐司 235
- 越式春捲佐花生醬 236
- 牛肉豆芽河粉湯 237
- 南法雞肉水果 couscous 沙拉 238
- 新加坡海南雞小飯丸 239

P231

P233

P238

寶寶的健康點心

- 蘋果奶酥 240
- 芋頭牛奶西米露 241
- 香蕉花生奶昔 242
- 義大利餅乾棒 243
- 蜂蜜蘆筍汁 244

P244

推薦序
文／蔡呈穗　台北醫學大學附設醫院語言治療師

積極練習，依月齡選擇適當的食物型態

　　從嬰幼兒吞嚥發展的角度來看，為什麼 4 ～ 6 個月大的寶寶可以開始添加副食品？主要是因為 4 ～ 6 個月的嬰兒與生俱來的反射動作──吐舌反射消失，表示將食物放在寶寶舌頭中央，寶寶不會反射性的用舌頭將食物從口中推出。雙唇開始出現主動動作，能自我控制嘴巴。另外，舌頭除了會前後移動，還能與下頜一起動作，呈現前伸──後縮的動作型態，因此在這個時期建議給予寶寶安全的副食品，質地為由稀漸濃稠的食物（流質→半流質→泥狀）。

　　衛生福利部國民健康署手冊指出，添加副食品種類應循序漸進，從單一穀類開始，再依序添加蔬菜類、水果類、肉類，建議由口味淡的食物開始。因此家長們要注意的是添加副食品有一定的順序，配合寶寶的發育做適當的調整。

　　6 ～ 9 個月大的寶寶，開始有咀嚼反射，食物進入口中，嘴巴會打開──閉合咀嚼食物。舌頭可以側向左右移動，並凝聚食團用牙齦咀嚼。此階段雙唇、舌頭與下頜動作更協調，因此建議這個時期的寶寶可以開始嘗試不同質地的副食品，由泥狀→搗碎的食物。

　　9 ～ 12 個月大的寶寶，舌尖可上抬，舌頭發展出旋轉動作，下頜開始往左右和對角線移動，咀嚼動作更加成熟，單靠幾顆牙齒及牙齦咬合的力量足以把舌頭推送過來的塊狀食物弄碎，因此這個階段可給予寶寶自己用手進食塊狀的固體食物，不用都給媽媽餵。

　　1 歲之後寶寶發展出旋轉式咀嚼，咀嚼技巧慢慢成熟趨近於成人，因此可以練習自行進食任何質地食物，並且可以開始吃較粗且較硬的食物。

◎ 正常吞嚥需要具備的能力

部分家長會給自己的小寶貝吃特定偏好的食物，使用相同的進食工具或是習慣性將食物剪碎，這些往往都會產生不良的影響（請參照右頁）。吞嚥是複雜且需精密協調的整合性動作，能夠正常吞嚥需要具備以下幾點能力：

認知能力
在食物靠近嘴巴以及送入口中時，要能夠辨識與感覺食物，判斷採取的進食方式（用吸的嗎？需要咬嗎？還是直接吞就好？）。

口腔肌肉的協調能力
運用嘴唇、舌頭以及雙側臉頰的協調能力，將食物在口內前後側向送給牙齒研磨後，由舌頭製作成像球一樣的食團後，再由舌頭用力往後吞下。

吞嚥反射能力
可以主動啟動吞嚥，軟顎往上提與後縮，避免鼻腔逆流；咽縮肌收縮推動食團往下；舌骨與喉部上抬以關閉呼吸道並使食團進入食道。

自我保護能力
當嗆到時會咳嗽，輕微噎到時會有嘔吐反應，以降低液體或食團進入呼吸道造成吸入性肺炎或窒息的風險。

副食品餵食攸關孩子的成長發育

無適當調整副食品的食材、食器以及餵食方式對小孩的影響很大，舉例來說：

- 飲食的不均衡可能會造成發育不良、偏食。
- 兩至三歲後仍使用奶瓶喝奶可能造成舌頭無法前後左右快速靈活的移動，造成說話不清楚，有「大舌頭」的現象。
- 習慣吃較軟或較碎的食物會使口腔肌肉的力氣與口腔動作的發展過於遲緩，口腔較無力，會有流口水情形，未來也可能會影響咬字的清晰度。

由於每個小孩的狀況不同，所以如果寶貝有餵食或吞嚥的相關問題，建議要盡早至有語言治療師的醫療院所就診喔！希望各位媽媽能在清楚嬰幼兒吞嚥發展的情況下，慢慢調整給予寶寶的食物，讓寶寶吃得更健康、更安全！

自 序　文／K 力

快樂做副食品，快樂當媽媽

　　K 力的父親曾經在台北市經營中式海鮮熱炒店超過三十年，所以童年時期的我，就在店裡洗菜、端盤子、廚房打雜中度過，別人的小時候可能在玩積木和芭比，而我則是把弄油火刀鍋，也拜此學會了無數的廚房料理技巧。2012 年本著對料理的熱情，我退下了科技業，跑到高雄餐旅學院學習西餐丙級課程，2013 年又到澳洲墨爾本 WAI 廚藝學院學習西餐烹飪，取得 WAI 專業商業烹飪文憑，2020 年又到輔英科大就讀保健營養學士學程，2024 年成為一名高考合格營養師。這些學經歷讓我不只能將食材中西融合，也有營養師的專業學識背景，可以幫助寶貝們順利銜轉副食品階段。

　　跟許多媽媽一樣，當知道自己懷孕的時候，K 力也拜讀了各方面的副食品和育兒書，但等到寶寶呱呱墜地成為全職媽媽之後，我才深刻體會到，每天光搞定寶寶，就費煞了許多腦神經。餵奶、拍嗝、陪玩、換尿片、打疫苗、訓練睡眠、整理環境、洗床單、洗奶瓶等，每一項都需要人力去完成，更不用說媽媽常常都忘記自己也要吃飯，而一般網站上的副食品教學，都必須閱讀才得以了解，但是照顧嬰兒真的分身乏術，不太可能有時間坐下來查資料。

　　因此我想藉著自己專業的背景與對料理的熱情，利用影片分享如何快速製作副食品，從構思、備料、拍攝、剪輯都靠自己來，因此每一部影片都耗時耗力；影片的長度都控制在 1～3 分鐘，想做副食品時，可以翻開此書、掃描 QR CODE，就可以馬上看到料理流程。能夠邊做其他事情邊快速觀覽，節省媽媽搜尋、比較資訊的時間。

🌀 80% 以上的食物中毒，都來自外食

　　在中、西餐廳的工作實習經歷，讓我知道從點餐到出餐，眼前餐桌上的每道料

理，都或多或少需要「前置作業時間」。而廚房的整潔與人員的衛生控管，更常常是用餐者參與不到的步驟，這也是為什麼研究統計中指出，有 80% 以上的食物中毒，都來自外食！因此，為了讓孩子吃的營養、均衡、健康、安全，我鼓勵父母們，進廚房，多多開伙吧！

食材的事前處理與料理事後的保存

買回來的蔬菜、肉類、海鮮要怎麼處理保存？煮好的一鍋湯，放在桌上不用冰，明天能繼續吃？做好的寶寶菜餚能放幾天？基準點如何計算？

一般居家料理很少重視的部份，我也會在本書詳細的分享，因為寶寶的年紀小，腸胃能力與身體免疫力沒有成人的成熟，所以做給寶寶吃的料理，一定要小心避免污染，才能確保吃得安全又健康。

使用天然的食材，結合適當的料理方法

身為一位母親、營養師與廚師，因為自己兩個寶寶都有輕微性異位性皮膚炎，所以在製作寶寶副食品過程中，我最重視的，就是要使用天然食材，避免添加人工化合物，並且料理過程要少油、少（無）鹽、少糖，運用自己的專業，讓料理美味健康又營養。

積極練習，適當月齡選擇適當的食物型態

大約 6～7 個月的寶寶會開始發展咀嚼的能力；1 歲後可進食大部分的餐桌食物；2 歲後能吃任何質地的食物。無適當調整副食品的食材、食器以及餵食方式對小孩的影響很大，舉例來說：

1. 飲食的不均衡可能會造成發育不良、偏食。

2. 2～3 歲後仍使用奶瓶喝牛奶可能造成舌頭無法前後左右快速靈活的移動，造成說話不清楚，有「大舌頭」的現象。

3. 習慣吃較軟或較碎的食物會使口腔肌肉的力氣與口腔動作的發展過於遲緩，口腔較無力，會有流口水情形，未來也可能會影響咬字的清晰度。

因此主動變化食材的型態，讓寶寶學習並且品嚐到真食材的美味，進而獲取完整的營養與健康的體魄，這才是對寶寶健康最重要的事。

過與不及都不好，均衡攝取才是王道

準備孩子的副食品，要將食材處理乾淨後，再選用適合的烹調方式。現代農業技術發達，最好先弄清楚買入的食材是有機/生機、基改/非基改後，再來適當的處理農藥殘留問題。不要跟風似的為了讓寶寶多吃「某類食材」，就一直限制其它食材的準備，每天六大類食材都要均衡攝取，才能讓寶寶得到完善的營養。

最後，身為過來人想跟大家說句話，就是「快樂的媽媽才有快樂的寶寶」，準備副食品過程中，一定會遇到孩子喜好的改變、外人的干預、或摸不清寶寶頭緒的時候，建議大家真的不需要太在意，只要跟著本書，就可以完整了解製作副食品、養育寶寶的方法。

0～2 歲是寶寶身心發展快速的期間，很榮幸有機會藉由此書陪伴著您，見證生命茁芽成長的奇蹟時刻，一起跟著 K 力，當個快樂媽媽吧！

Part 1

副食品
食用指南

Part 1 副食品食用指南

什麼是副食品？

出生後一直喝母奶或配方奶的寶寶，因為腸胃消化功能尚未健全，無法像成人一樣，立即轉換成進食固體食物。因此，在轉換成固體食物的過程中，喝奶之外的寶寶飲食，就稱為副食品或者是輔食。

1歲前的母奶或配方奶是寶寶的主食，也是寶寶主要的營養來源，而其它飲食，則是副食品；1歲後母奶或配方奶則變成是寶寶的副食，跟著大人吃的三餐飲食，才是營養主要的來源。

市面上有些米麥精雖然方便，但是以咖啡來說，即溶包的味道一定沒有現沖咖啡來得香。副食品也是一樣，用口感、香味、營養綜合來比較，一定是現做 > 冰磚 > 市售即溶包，所以建議父母可以在這階段稍微用點心思，就能提高小孩對天然「好食物」的接受度，未來也能減少挑食或偏食的壞習慣。

有些寶寶天生吃得多、有些寶寶天生吃得少，但是主食與副食的比例要依照寶寶的月齡作調整，適當變化食材的大小與烹飪方式，訓練牙齦、牙齒壓碎與咀嚼的能力，更均衡攝取成長所需的各種營養，是打造健康寶寶體魄的重要根基。

何時開始吃副食品？

寶寶出生滿 4 個月後，就可以開始準備吃副食品。有些寶寶會出現厭奶（奶量突然降低），或者是一直看著大人吃的食物，並會舔舔自己的嘴巴，表達強烈的興趣，這些都是想吃副食品的表現。

初期——出生滿 4 至 6 個月：（米糊）

4、5 個月的寶寶，因為腸胃系統較弱，所以吃一餐副食品，一次約 30～80ml，盡量每次嘗試一種新食材就好，並且三至五天更換一種食材，以免增加腸胃負擔。要用湯匙餵食，因為這階段是在訓練孩子從「吸吮」到「吞嚥」的過程，而且澱粉一定要由口水中的澱粉酶一同分解，才有利於孩子的吸收及消化。

過渡期——滿 6 至 7 個月之間：（轉換葷食與顆粒）

吃一餐副食品加一次點心，副食品約 30～80ml，點心約 30～50ml。不管是蛋白質葷食或顆粒米粥，都需要前面兩個月的訓練，有更好的消化功能後，才適合進入下一階段，所以這一個月可以練習。

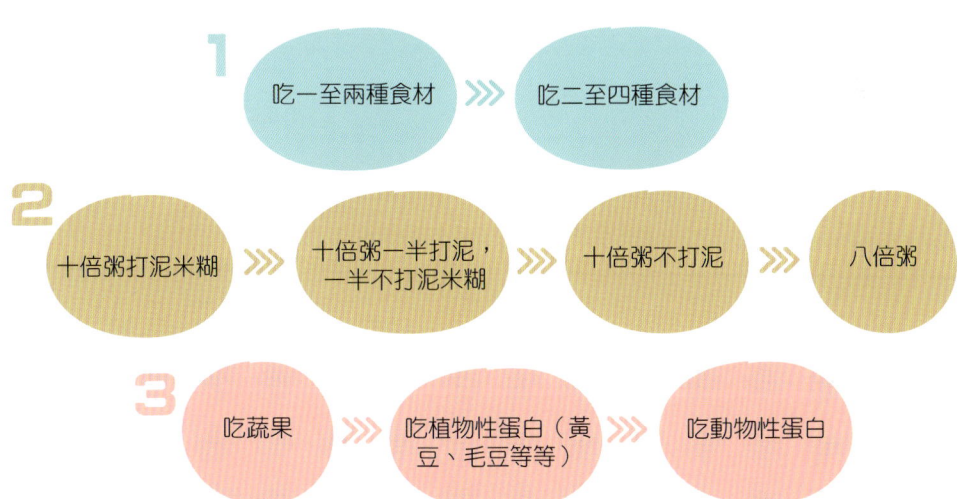

◎ **中期——出生滿 7 至 9 個月：**（米粥）

吃兩餐副食品加一次點心，副食品約 90~150 ml，點心約 30~50ml。

可以開始給生水果，也就是指未加熱的水果。如香蕉、火龍果、木瓜、酪梨、桃子、葡萄等等，因為經過叉匙壓泥的水果沒辦法像攪拌器一樣打得綿密細緻，這也代表寶寶要自己試著用牙齦壓爛、咀嚼再吞嚥。

「七坐八爬九發牙」，這階段的寶寶通常好奇心豐富，甚至會想搶媽媽手中的湯匙了，所以可以準備手指食物讓孩子學習抓握。

◎ **後期——出生滿 10 至 12 個月：**（稠粥或軟飯）

這時期寶寶因為活動力大，所以已經需要三餐副食品加兩次點心，副食品約 100～150ml，點心約 50～80ml，粥要能三倍粥至軟飯，不需要打泥，食材也切至 0.4cm 大小即可。

◎ **完成期——滿 1 歲過後：**（熟飯）

滿 1 歲後的寶寶，只要咀嚼能力訓練適當並且食材料理處理得宜，已經可以和大人同餐了。通常都只剩早晚奶或不需喝奶，並且可以改喝鮮奶。這時期的幼童營養攝取均衡、足夠的活動、作息規律及良好睡眠品質，就能擁有健康的體魄。

飲食部分和成人的攝取組合六大類食物相似（全穀根莖類、豆魚肉蛋類、乳品類、油脂與堅果種子類、蔬菜類、水果類），其熱量建議分別是 1,350 大卡～ 1,150 大卡。

副食品各階段懶人表

四階段副食品食用建議

	初期 4～6個月	中期 7～9個月	後期 10～12個月	完成期 1歲以上
次數	早餐 + 6個月以後 點心1次	早餐 + 午餐 + 點心1次	早餐 + 午餐 + 晚餐 + 點心1～2次	早餐 + 午餐 + 晚餐 + 點心2次
平均 牙齒數	0～2顆	3～4顆	6顆左右	8顆左右
副食品 攝取量 （餐）	約30～80ml	約70～120ml	約100～150ml	約120～200ml
母乳／ 配方奶量	4～5次 （800ml以上）	4～5次 （約700～800ml）	3～4次 （約500～700ml）	早晚奶 或 不需喝奶 （約400ml左右）

Part 1 副食品食用指南—何時開始吃副食品？—副食品各階段懶人表

◎ 四階段副食品製作範例

	初期 4～6個月	中期 7～9個月
◎ 寶寶進食方式	用舌頭上下嚼動吃	用舌頭前後、上下嚼動著吃，舌頭可以把食物放在上顎處壓碎著吃
◎ 烹調方式	食物要打成泥狀，最好過篩	食材約 0.2～0.3cm 大小

◎ 顆粒大小

米

10倍粥米糊

8～5倍粥

肉

牛肉泥

牛肉末

根莖

紅蘿蔔泥

紅蘿蔔末

菜

小松菜泥

小松菜末

寶寶的乳牙總共會有 20 顆。一般來說，大概會在 6 個月開始到 1 歲 1 個月之間開始冒出第一顆牙齒，所以在這段期間長牙的寶寶都是正常的。除非超過 1 歲 1 個月連第一顆牙都還看不到，這時建議找牙醫師仔細檢查，確定牙齦內是否有牙苞的存在喔！不管早長牙或晚長牙，只要合乎時間範圍內，就不需要太擔心，最應該注意的反而是口腔的清潔，避免過早發生蛀牙所產生的後遺症。

後期
10 〜 12 個月

完成期
1 歲以上

舌頭可以靈巧的上下、左右、前後嚼動，並且也會用牙齦或門牙咬食物

舌頭的靈活度跟大人一樣，會門牙、臼齒咀嚼食物

食材約 0.4 〜 0.5cm 大小

食材約 0.7 〜 1cm 大小

3 倍稠粥〜軟飯

熟飯

牛肉小丁

牛肉丁

紅蘿蔔小丁

紅蘿蔔丁

小松菜小丁

小松菜丁

 **餵食副食品重要原則**

高敏食材不一定會過敏，低敏食材不一定安全

1 歲前除了不給蜂蜜、不以鮮奶代替母奶配方奶、不喝純果汁，與 3 歲前不給整顆堅果和巧克力之外，其餘的食材並沒有強硬規定幾個月才能給予，反而越早給越能提早訓練寶寶對食材的耐受性，降低過敏的機率。

而衛生福利部國民健康署手冊指出，添加副食品種類應循序漸進，從單一穀類開始，再依序添加蔬菜類、水果類、肉類，建議由口味淡的食物開始。因此家長們要注意的是添加副食品有一定的順序，應配合寶寶的發育做適當的調整，因此本書給的每個月食材表都是一個建議值，可以依照寶寶的情況做調整喔！舉例來說，4 個月的寶寶，只要身體狀況良好，沒有特殊的病例或過敏，當然也可以從米湯 ▶▶ 十倍粥米糊 ▶▶ 青江菜米糊 ▶▶ 蘋果米糊 ▶▶ 雞肉米糊 ▶▶ 鮮蝦米糊嘗試。

依寶寶的發展，根據不同階段變化食材軟硬度

K 力周圍有 7 個月愛吃白米飯的寶寶，也有 6 個月喝稀飯，米粒傷了腸胃的寶寶，每個孩子的發展速度本來就不一樣，因此父母也不需要太在意配合月齡吃特定的食材，而是要注意食材的質地，根據不同階段，主動變化食材的軟硬度。

只要當階段吃得好、孩子發展學習速度也快，身為照顧者當然也可以提早準備進入下個階段。但是千萬不能一直停留在某一階段，舉例來說，7 個月左右的寶寶，本來就應發展咀嚼的能力，但是可能因為照顧者忽略了進程，而一直讓孩子吃泥狀食物，甚至吃到 9 個月、10 個月，這樣就不行，因為會影響寶寶的發展。

副食品的最終目標，是讓孩子在 1 歲時，可以隨大人一樣吃三餐、學會安全的咀嚼與吞嚥、順利銜接下一階段的發展。因此，準備副食品最重要的事，是食材的處理與烹飪方式必須要安全，才能讓寶貝吃得放心。

給予寶寶專屬椅子與湯匙，定點定時飲食

初生寶寶每天喝奶六至八次，而開始進入副食品，就是為了要讓孩子循序漸進的將多次喝奶轉換成與大人吃三餐，所以定點，固定位置用餐、定時，固定時間吃飯，是非常重要的規矩，以養成良好的生活習慣。剛開始會坐不穩，可以用毛巾墊在周圍增加穩定度，不要用抱著餵食的方式，這樣才能建立正確規範。

寶寶滿 4 個月就能吃副食品，最慢要在 6 個月內開始嘗試

越晚嘗試副食品，發生過敏的機率越高，因為孩子就算對某種食物過敏，但人類的免疫系統在成熟的過程中，可能會慢慢對過敏食物產生「耐受性」，所以將來有可能就不再過敏了。因此建議最晚 6 個月就要開始吃副食品並嘗試多種食物，訓練腸胃的耐受性，以獲得足夠營養素。

階段性添加新食材，並詳細記錄注意寶寶身體狀況

餵食寶寶的過程中，副食品的初、中期，建議一次只嘗試一種新食材，確定不會過敏後，再換下一種。而副食品的中、後期，可以視寶寶的身體狀況，偶爾用多樣新食材一起嘗試也無不可。最重要的是，一定要詳細記錄寶寶吃了什麼，才能了解有無過敏的反應。

最晚 6 個月後需要提供奶蛋肉類，以攝取充分的鐵質與必須營養素

父母吃素的理由百百種，但是針對吃全素的孩子，許多學者做了一連串的研究。若是不能吃到均衡且足夠的營養素時，吃全素的孩子，就非常容易出現生長與發育較差的情形，因此嬰幼兒仍然建議提供奶蛋肉等蛋白質作補充，或詢問專業營養師的飲食建議。

仍然需要母奶或配方奶補充營養素

1歲前的寶寶,即使副食品吃的非常多、非常好,還是需要母奶或配方奶,補充必須的脂肪酸,對成長發育及大腦發展很重要。1歲後的寶寶即使斷奶了,也需要適當補充各式奶蛋製品,以維持成長發育所需。

禁止吃生食與舒肥法的低溫烹飪料理

嬰幼兒因為腸胃道系統與免疫系統尚未成熟,所以絕對禁止吃「生食」和低溫烹飪的「舒肥」料理,可能導致非常嚴重的食物中毒。而即使是水果,因為蠅蟲容易停留在水果表皮造成污染,所以建議給4至6個月的寶寶吃水果時,要加熱才最安全。

1歲前不能用鮮奶取代母奶或配方奶

母奶的乳清蛋白含量高而且容易消化,配方奶的蛋白質結構也比鮮奶好,因為鮮奶裡的酪蛋白是極難分解的凝乳、不易吸收。鮮奶裡的動物性飽和脂肪,也容易刺激腸道發生慢性隱性失血;而其它鮮奶中的乳糖、礦物質和維生素,都不及仿母乳的配方奶或天生就適合寶寶飲用的母奶佳。因此,為了寶貝健康,1歲前都不能用鮮奶取代母奶或配方奶。

吃過或解凍過的副食品需當餐吃完或丟棄

副食品沾到口水就碰到口腔裡的細菌了,所以就必須當餐吃完,不可以留到下一餐食用。而前一晚放在冰箱冷藏室內解凍的副食品,因為溫度提高,細菌滋生率增加,也必須當天使用完畢,不能再度放回冰箱冷凍庫保存。

 **0 至 3 歲奶量與副食品所需熱量**

◎ 尚未吃副食品前所需熱量

以 4 個月大的寶寶來說，體重約 6 公斤，1 天約喝 6 餐，每餐的奶量約 150cc 左右，大約每 4 小時餵食一次。

　而嬰幼兒也會有大小餐，上餐吃得少、下餐就吃得多，不見得一次不夠就要馬上增加奶量，可多觀察幾次，以一天的量來評估，若寶寶明顯覺得還不滿足，此時奶量可再慢慢增加。比較要注意的是一天的奶量不能高於 1000ml，這表示寶寶被「灌食」太多了。

◎ 吃副食品後所需熱量

　0～1 歲的嬰兒每天所需的熱量約為 110～120 卡／公斤。以八公斤的寶寶為例，每天所需熱量則為 880 至 960 卡。雖然 1 歲前要以奶為主，副食品為輔，但是要漸漸的將副食品的份量拉上來，才可以在 1 歲後，順利銜接至副食品為主，奶為輔的階段。每次用餐氣氛要愉悅，用餐時間不要超過三十分鐘，因為寶寶和大人都會失去耐性，讓吃飯不知不覺間變成一項苦差事，寶寶就不願意吃飯了。

1 到 3 歲所需熱量

這階段是建立日後飲食習慣與是否挑食／偏食最重要的時期。

1 歲後孩子可以逐漸跟大人吃一般的食物，只是需要剪碎點，並配合孩子牙齒的咀嚼能力調整剪碎的程度，如果一直吃很軟的食物，孩子以後容易有口腔敏感的問題，語言構音能力也會受到影響。

1 歲左右就開始讓孩子自己吃飯，吃不完可以再視情況餵食。絕對不要在孩子面前討論對食物的喜好，如「這個苦瓜好苦」、「薯條我最愛吃了」，這些會讓孩子對食物有預先的防備或愛好之心。

國民健康署建議：這階段的嬰幼童，每天需要熱量約 1350 卡，建議的份量如下，一日的營養素需平均分配於三餐。

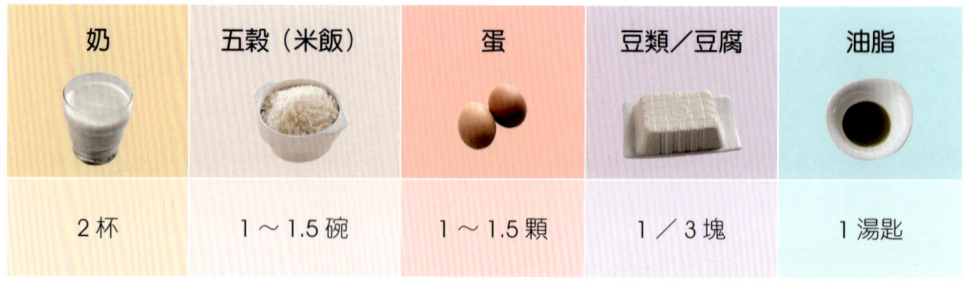

奶	五穀（米飯）	蛋	豆類／豆腐	油脂
2 杯	1～1.5 碗	1～1.5 顆	1／3 塊	1 湯匙

魚	肉	水果	深綠黃紅蔬菜	其他蔬菜
1／3 兩	1／3 兩	1／3～1 個	1 兩	1 兩

備註：1 兩等於 37.5 公克

寶寶飲用水量與飲水方法

　　1歲前寶寶腎臟尚未發育完全成熟，喝太多水會稀釋體內電解質，將造成體內的鉀離子或鈣離子過低引起抽筋，更嚴重的，會造成心跳過慢、腦水腫等症狀，因此，水分的適當控制，是爸媽非常重要且必須學習的知識。

4至6個月的寶寶

　　母奶或配方奶中有百分之八十七以上是水分，所以不需要額外補充飲用水。但是建議可以在吃完副食品後，用湯匙餵一、兩口飲用水，稍微漱口，是安全的。

6個月以上至1歲前

　　除了奶類和副食品的湯水之外，每公斤的體重可以額外攝取30cc以下的飲用水，也就是說，八公斤的寶寶，一天攝取不超過240cc的飲用水，原則上是安全的。喝水的方法，開始教用吸管杯嘗試吸水喝水。最重要的，飲用水要分次給予慢慢喝，因為一次大量飲進，容易引起水中毒。

1歲以後

　　隨著年紀增長，腸胃道、腎臟發育越來越成熟，就可以隨體重繼續增加每日飲水量，當體重達十公斤時，每公斤能喝100ml水分，也就是十二公斤的孩子，一天所需水分是1200ml，但是這個數字要扣掉湯、水果、牛奶、豆漿、飲料等許多飲食中也都能攝取到水分，所以別逼孩子一定要將水喝到足量，取個大約就好。

　　喝水的方法，當孩子小手肌肉的平衡掌握度越來越好後，可以從吸管杯改為一般的水杯喝水，正常情況下，兩歲左右就能夠用握把水杯喝水了。

另外，如果遇到以下的狀況，也可以幫孩子適當補充水分：

- 戶外運動後　● 感冒　● 發高燒　● 腹瀉脫水　● 便秘　● 眼窩或囟門凹陷。

而以下這幾點，更是脫水典型表現，建議立即找鄰近小兒科協助：
- 哭不出眼淚　● 口腔黏膜不夠濕潤　● 皮膚乾燥缺乏彈性
- 尿量不足或換尿布次數減少　● 中暑。

 # 需要注意的食材與常見的過敏反應

食物過敏就是食物中的種種過敏原，所引發的一連串免疫反應。

常出現的食物過敏反應

皮膚
像是急性蕁麻疹，且通常是在數分鐘內表現出來的反應，其他像是慢性蕁麻疹、異位性皮膚炎及濕疹也都可能為食物過敏的表現。

呼吸道
約有百分之六十的食物過敏病人會表現這方面的症狀，包括流鼻水、鼻炎、打噴嚏、喉嚨不適及聲音沙啞等，甚至可造成嚴重威脅生命的急性喉頭水腫及氣喘等呼吸道阻塞的症狀。

胃腸道
胃腸道常見的是腹瀉及嘔吐，這在因食物過敏引發小腸結腸炎的年幼小孩身上尤其常見，最為相關的食物則為牛奶及黃豆。有些嬰兒在餵奶後出現哭鬧不安、腹瀉及嘔吐，此時必須把嬰兒對牛奶蛋白過敏列為考慮。

但是因為「過敏」二字，造成許多孩子被禁止吃魚、蛋、蝦、蛤蜊、帶毛水果，因為身邊的人都說這類食材容易過敏，所以建議不要嘗試，使得能嘗試的範圍有限，可能造成營養不均的情形發生。

吃低敏食材也不一定安全

吃高敏食材不一定會過敏，吃低敏食材也不一定安全。這是 K 力從兩個異位性皮膚炎孩子身上學到的經驗，無論是食物、吸入性過敏原還是環境，甚至汗水或壓力，都有導致過敏發生的機率，尤其是在 0 至 1 歲時期，多半是因為嬰兒接觸新的事物，免疫系統尚未適應，因此引發過敏的現象。

進入副食品之後，每一次記錄食材時，我發現孩子對食物的適應性其實很好，但是對空氣裡的灰塵、床墊裡的塵蟎、老舊的布沙發、天氣變化差異大時，就常常會在固定皮膚區域出現紅疹結痂脫屑的過敏反應（濕疹）。

這種過敏有可能不會再發生，或者也有可能隨著對該事物越來越習慣而逐漸適應；但也有可能不會適應，日後接觸仍然會引發過敏反應。所以我會建議大家，如果家有敏兒，除了需要詳細記錄食材之外，也要做到以下的保護：

- 家具
  居家環境盡量打掃乾淨、保持通風，盡量不要使室內環境過於悶熱、避免厚重的窗簾、絨毛玩具、布質沙發及地毯；床鋪部分可以改用木板床取代彈簧床墊、或是依自己的經濟考量選用防蟎抗敏的寢具，較可避免塵蟎引發呼吸道之過敏症狀。

- 空氣
  如果寶寶對空氣有過敏現象，爸媽可考量是否購置空氣清淨機與降低濕度的除濕機，以改善居家空氣品質與濕度。此外，建議家中大人不要抽菸（二手、三手菸也不行），因為香菸尼古丁比較容易誘發過敏反應。

- 衣著
  服飾是寶寶的第一道肌膚防線，所以最好穿著棉質，舒適且透氣的衣服。

- 沐浴
  洗澡水不宜太熱（28 至 32 度 C 為佳），以免讓皮膚表層失去水分，讓皮膚的狀況更嚴重。

- **保濕產品：**
宜選用無香料、無防腐劑、無刺激性、保濕度較高的寶寶專用乳液，或塗抹適量凡士林亦可，來增加皮膚保濕度。

- **食物：**
比較高敏的食材為帶殼海鮮、堅果、雞蛋、花生、芒果、草莓、柑橘、奇異果等。此外，蛋白質也是容易引起過敏的食物來源。最重要的是，所有副食品製作食材要以新鮮為主。但是，食物過敏也不一定是由食材本身所引起的，也有可能是製作過程中的食品添加物，如色素、防腐劑、氧化劑、香料等化學物質，都可能是引發食物過敏的兇手，所以要盡量少吃加工的食品，以健康天然飲食為原則。

常見高敏食材。

而如果寶寶嘗試新食材之後，真的發生過敏了也不用太擔心，首先第一步要先停止餵食，再來如果是少數的紅斑點、疹子，因為只餵一次難以確認，不妨過幾天再少量餵一次試試看，或者也可以等大一點再嘗試看看，以便掌握確實過敏食材。

如果是嚴重的嘔吐、腹瀉、呼吸困難等症狀，建議立即找鄰近小兒科就醫，以拿到適合的藥物來抑制過敏。

Part
2
副食品
製作

Part 2 副食品製作

副食品製作工具

電鍋(含內鍋、墊架) 量杯(刻度清楚) 蒸碗(陶瓷或不鏽鋼皆可)

大電鍋會比較實用，還可以用來做其他料理。而蒸碗要有蓋子，不然蒸副食品時，水蒸氣會跑入碗中造成食物泥變稀，份量變大。量杯通常的刻度是 180ml，電鍋若外鍋放一杯水，大約會煮 10～15 分鐘。

刀與砧板

刀具依照個人使用習慣，選擇好清洗且順手的。做副食品時，建議要將海鮮、肉類、青菜、水果分開砧板使用，若預算不多，切記先切蔬果再切魚肉類生食，並且切完一種要立刻仔細清洗砧板，再切下一種，避免細菌交叉感染。

平底煎鍋與炒菜鏟

市面上平底鍋的材質眾多，有不鏽鋼鍋、鐵鍋、不沾鍋等等，建議選擇一支自己使用上手的鍋子。另外，為了避免鍋子被刮壞，可以使用木鏟煎炒，但是木鏟使用完要馬上清洗晾乾，才能避免發霉。

有柄湯鍋與耐熱矽膠杓

選擇一支有柄的小湯鍋，不管是燙菜煮麵都方便，也適合現煮派的媽咪，在熬煮時也不怕燙傷；而優良的耐熱的矽膠柄通常可以耐至 260～300 度 C，適合烹飪大部分的料理，安全又實用。

🍊 果汁機或攪拌棒

這兩種最大的不同就是使用果汁機時，建議要打微涼的湯水，而攪拌棒可以打溫溫的湯水。兩種都可以把食物打成綿密的食物泥狀態，建議選擇其一入手較經濟。

🍊 食物切碎盒

製作副食品的過程中，有時候需要一次切碎大量的食材（非打泥），切碎盒可以加速製作副食品的時間，是廚房好幫手之一。

🍊 食物／副食品調理機

市售上也有一機多用的食物調理機，各種品牌的功能都不太一樣，建議可以詳加了解再購入。

🍊 副食品七件工具組

七件組通常價格經濟，榨果汁、壓果泥、搗碎塊莖植物都很方便，讓製作副食品時簡單又快速，不過缺點就是無法一次做大量食材，所以建議購買前先考量清楚喔！

副食品餐具推薦

碗盤

剛開始餵食階段,適合選擇大人好拿握的碗,餵食副食品。等到孩子想自己掌握吃飯權時,可以準備會吸附桌面上的碗盤,或者是方便自己學習吃飯的輔助餐具,都能幫助孩子學習。

湯匙

初期尚未長牙的孩子,適合用矽膠軟湯匙,較不會傷害寶寶牙齦,之後隨著牙齒數量變多,再更換適合寶貝拿握的湯匙,學習自己用餐。

杯子

6個月以前的寶寶可以用湯匙餵水稍微漱口,6個月後可以改換吸管杯練習吸水,如果是常常吸水容易嗆到的寶寶,那就建議先學鴨嘴杯再進階吸管杯,或直接練習喝水杯。

另外,因為寶寶長牙會喜歡啃咬吸管,所以每天都需要清洗水杯,包含每個細縫處,另外也需要定時更換吸管,以免矽膠咬破發霉而不自知。

圍兜

用餐時,最好可以選擇防水圍兜,這樣一來清洗比較容易,也不易發霉。圍兜要選擇可以接住掉落的食物碎渣的產品,讓餐後的整理也能比較輕鬆。

食物剪刀

一般的廚用剪刀通常又大又重,不太適合攜帶外出,因此建議可以選用寶寶食物剪,重量輕巧、攜帶方便、清洗簡單之外,有些還會附套子或盒子,甚至是安全扣,這樣也能避免被孩子拿到後打開,父母也比較安心。

餐椅

有些孩子會喜歡邊吃邊跑邊玩,這通常都是因為嬰幼兒時期沒有培養吃飯的好習慣,所以如果想要讓孩子擁有良好的用餐禮儀,一定要準備孩子的餐椅,從小就坐著吃飯,以養成用餐好習慣。

紗布巾／潔牙巾／牙刷

未長牙的寶寶可以餐後用紗布巾清潔口腔。而長牙後的寶寶,就改用潔牙巾或牙刷定時清潔口腔,養成良好的衛生習慣。

副食品保存工具

附蓋製冰盒／冰磚盒

不方便餐餐煮的媽咪，可以一次製作數天份的副食品冰磚冷凍保存，但盡量不要預做超過一週的份量，育兒時間會更輕鬆省力。建議挑選冰磚盒時，要選容易壓出冰磚且附蓋的最好。

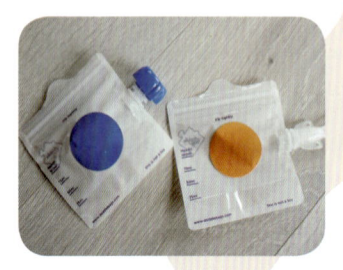

副食品儲存盒／袋

通常冰磚盒的容量比較有限，當孩子月齡較大、需要的食量也增加時，可以選擇儲存盒或儲存袋，好倒好儲存，還可以外出攜帶，有些甚至可以直接就餵食，非常方便。

密封容器

盛裝副食品的密封容器要選擇可以安全盛熱的容器，這樣才不會在保存、加熱的過程中，產生容易爆裂的危險性。

保冷／保冷袋

外食調味通常較重，因此需要自己攜帶副食品的爸媽，一定要使用保冷袋，讓食物保持安全的低溫狀態。

◎ 燜燒罐／保溫瓶

燜燒罐也是很好的保溫／保冷容器，甚至學會溫罐烹飪技巧後，還可以用來煮副食品，非常方便。

另外，要注意燜燒罐不能大力撞擊，會造成燜燒效力減弱，減短使用期限。

◎ 真空機與真空袋

食材可以一次大量處理，節省每次切切洗洗的時間，而真空機可以讓食材隔絕空氣、延長保鮮期限並且避免污染，也是廚房好幫手之一。

保存秘訣！

使用燜燒罐／保溫瓶保存食物時，比較要注意的是，當70度C左右的食物放入燜燒罐之後，需要在兩小時內食用。即使是煮滾達沸點100度C的食物，放入燜燒罐中，也建議四小時之內食用完畢，避免食物腐敗。

副食品食材測量方式

食材測量方法

食材的比例用量，常常是美味料理的一項重要關鍵。而製作副食品因為份量少，所以對於廚房新手媽媽，比較難掌握份量，特別是一些需要精準份量才能料理的食譜。因此建議大家至少要準備三款最基本的測量工具，就是量匙、量杯、和廚房用秤重器。

量匙

1 大匙　＝15ml
1 小匙　＝5ml
1/2 小匙　＝2.5ml
1/5 小匙　＝1.2ml

量杯

一般常見的米杯或紙杯容量為 200ml

廚房用秤重器

因為不同的食材有不同的重量，而重量（公克、公斤）無法等比換算成容量（毫升、公升），因此，針對比較詳細的食譜，還是建議準備一個廚房用秤重器，才可以了解需要準備的份量。

副食品食材處理、保存與美味秘訣

　　想要做出營養的副食品，就要選擇當令新鮮、且來源安全的食材製作，結合適當的料理方式，就是最營養的寶寶副食品，所以下面就介紹比較常見的食材，讓父母一目了然。

五穀根莖

米

　　當季的新米不但營養，而且會有股特殊米香。除了選擇新米之外，還要選米粒完整、飽滿、透明，沒有粉質的，如果可以能買到有機米會更好。

清洗：冷水快速清洗兩到三次。
烹調：放入選擇的容器烹煮，電鍋、電子鍋、湯鍋皆可。
保存：將米密封，放在太陽照射不到、通風良好地方保存。

馬鈴薯

　　拿起來有實質重量、緊實光滑外皮無損傷的最好，不要使用表皮呈綠色或者發芽的馬鈴薯。

清洗：先水洗再削皮，最後再清洗一次。
烹調：蒸或煮十分鐘，熟透後再壓泥或切碎。
保存：平常要放在通風良好的陰涼處保存。

🍠 地瓜

外型橢圓、飽滿呈紡錘型的最佳,拿起來有實質重量和緊實光滑外皮,並且無損傷、裂痕的更好。

清洗:先水洗再削皮,最後再清洗一次。
烹調:蒸或煮十分鐘,熟透後再壓泥或切碎。
保存:不需要放冰箱,地瓜要放在太陽照射不到,通風良好的陰涼處保存。

🥕 紅蘿蔔

挑選表面光滑沒有裂縫,摸起來實重、顏色鮮明、末端沒有分岔的紅蘿蔔。

清洗:先水洗再削皮,最後再清洗一次(削皮較能避免感染食材中毒風險)。
烹調:切成適當大小,蒸或煮熟。
保存:不用清洗,包上報紙,可以放在陰涼處或冰箱冷藏室保存。

🧅 洋蔥

洋蔥因為多半從內部開始腐爛,所以可以要用手壓洋蔥頭尾部,挑選結實沒有變軟,握起來重量足,就表示新鮮度沒有問題。

清洗:去頭去尾,剝掉褐色外皮。
烹調:切成適當大小,蒸、炒、煮皆可。
保存:放在陰涼通風處,約可保存二至四週。

奶蛋魚肉豆

🥚 雞蛋

　　雞蛋越小，通常表示產蛋的母雞年齡越輕，也較少因年邁引起的健康問題。選擇蛋殼無裂痕、厚實、越重者為佳。

- 清洗：烹煮前才清洗雞蛋，並且小心蛋黃、蛋白不要碰到外殼表面。
- 烹調：可以變化各種料理，但處理完雞蛋的雙手，建議再清洗一次。
- 保存：買回來的雞蛋不用清洗，但要尖端朝下，冷藏保存，並且小心不要碰到冰箱其它食材。

🥩 牛肉

　　台灣的牛肉大多靠進口而來，所以市面上多以國外冷凍，進口後退冰冷藏的牛肉居多，除了真空包裝下的牛肉，會缺氧呈現深紅或暗紫之外（接觸空氣後會轉成鮮紅色），其餘應選擇外觀完整、乾淨無血水、顏色鮮紅的牛肉為佳，並且盡量選擇有合格安全認證的牛肉。

- 清洗：若有血水的話，就把水龍頭開小量，直接沖洗牛肉把血水流進水管中，減少噴灑，降低污染其它食材的可能；若沒有血水，就可以直接使用。
- 烹調：切成適當大小。選擇適用的料理，煮全熟。
- 保存：冷藏保存兩天內料理完畢。若買來就是冷凍的牛肉，不容易分裝的話，建議買少量就好，並依照保存期限內食用。需要使用時，提早前一晚放在冰箱冷藏室退冰，不能在室溫下退冰，避免變質風險。

Part 2　副食品製作｜副食品食材處理、保存與美味秘訣

🐔 雞肉

　　因為飼養成本不同，因此國內雞肉的價格差異極大，選擇合格認證健康雞為佳。當雞肉的毛孔粗大表示飼養的時間越長，肉質越甜，其次也要挑選肉質緊實、光亮、摸下去不會凹陷，聞起來沒有腐味最佳。

清洗：雞肉若有血水的話，就把水龍頭轉開最小量，直沖洗雞肉，讓血水直接流進水管中，減少到處噴灑的機會，降低污染其它食材的可能；若沒有血水，就可以直接使用。

烹調：選擇合適部位，切成適當大小、因應各種料理，並且確認煮全熟。

保存：冷藏保存兩天內料理完畢，並且小心生雞肉不要碰到冰箱其它食材。若買來就是冷凍的雞肉，不容易分裝的話，建議買少量，並在保存期限內食用完畢。需要使用時，提早前一晚放在冰箱冷藏室退冰，不能在室溫下退冰，避免變質風險。

🐷 豬肉

　　許多溫體豬肉多是一早宰殺再批運販售，肉品容易暴露在室溫下造成疑慮，因此盡量多選擇有合格認證 CAS 標誌豬肉，豬肉上所蓋的「屠體衛生合格」紅色印章，以及攤位上的「衛生肉品電宰證明」，還有農委會所輔導的 TFP 生鮮豬肉攤購買。

清洗：豬肉若有血水的話，就把水龍頭轉開最小量，直沖洗豬肉，讓血水直接流進水管中，減少到處噴灑的機會，降低污染其它食材的可能；若沒有血水，就可以直接使用。

烹調：選擇合適部位，切成適當大小、因應各種料理，並且確認煮全熟。

保存：冷藏保存兩天內料理完畢。若買來就是冷凍的豬肉，不容易分裝的話，建議買少量，並依照保存期限內食用完畢。需要使用時，提早前一晚放在冰箱冷藏室退冰，不能在室溫下退冰，避免變質風險。

魚

外觀完整、魚肉緊實不凹陷、聞起來沒有腥臭味與奇怪藥水味道。另外，食物鏈上層的大型魚因為重金屬含量較多，也不建議給寶寶吃。

清洗：除去魚鱗、魚鰓和內臟。
烹調：切成適當大小，去刺，再選擇烹飪方式。
保存：新鮮的魚冷藏保存兩天之內用完。若買來是冷凍的魚肉不容易分裝的話，建議買少量，並在使用期限內用完。需要使用時，提早前一晚放在冰箱冷藏室退冰，不能在室溫下退冰，避免變質風險。

蝦

給寶寶吃的蝦盡量買全蝦，也就是挑選外觀完整有光澤、肉質摸起來緊實有彈性、蝦頭蝦腳不泛黑、聞起來沒有腐臭味為佳。

清洗：去頭去殼去腸泥。
烹調：選擇適用的料理方式，烹飪全熟。
保存：冷藏保存兩天內料理完畢。若買來就是冷凍的蝦子，不容易分裝的話，建議買少量，並依照保存期限內食用完畢。需要使用時，提早前一晚放在冰箱冷藏室退冰，不能在室溫下退冰，避免變質風險。

蛤蜊

屁股越大表示蛤蜊越肥美，另外要選活蛤蜊，就是兩顆碰撞聲是實心的蛤蜊才鮮美。

清洗：如果沒吐沙，就須先將蛤蜊放入加水的鍋中，加一匙鹽，冷藏靜置約六十分鐘，完成吐沙程序。
烹調：烹飪全熟。
保存：不需加水，直接冷藏，三天內料理完畢。若蛤蜊殼打開、壓一下不能合起來，並且散發腥味時，就表示蛤蜊死亡不新鮮了，這顆就不要使用。

豆腐

豆腐是由黃豆磨漿加滷水製成,所以盡量選擇非基改黃豆與天然鹽滷水所製的豆腐。

清洗:滾水中汆燙一下。
烹調:切成適當大小再烹飪。
保存:將整塊豆腐放入密封容器內,倒入飲用水,依照標示使用期限內用完,並置於冰箱冷藏。

起司

一般市面上的起司大多是加工起司,所以選擇寶寶起司,可以選擇天然硬質起司、或者乳含量高、鈉含量少的產品。另外,需注意的是,不要選擇發霉製程起司或軟起司(通常該類起司含水量高,殺菌不全可能含有致命細菌)給寶寶吃。

烹調:直接給予或加入料理中。
保存:冷藏保存,並在期限內食用完畢。

鮮奶

選有鮮乳標章或 CAS 標的全脂「鮮乳」,因為鮮乳是 100% 生乳安全滅菌製成,而牛乳是各式乳品的總稱。

烹調:1 歲後才給予。
保存:冷藏保存,期限內飲用完畢。

蔬果

🍀 高麗菜

選擇外型完整、葉片無萎黃或損傷，蒂頭白皙，並且白中帶綠的高麗菜為佳。

清洗：剝除容易殘留農藥與蟲卵的外層一、二層菜葉，以流動清水洗乾淨。
烹調：剝小片後烹飪即可。
保存：菜刀挖掉菜心，塞入濕廚房紙巾，報紙或保鮮膜包好，冷藏可保存一到兩週。

🍀 花椰菜

顏色濃綠表示日照充足、花蕾細並且無變黑無斑點表示新鮮、莖底部呈現淡綠色帶白，沒有太乾變黃變黑者為佳。

清洗：流動清水洗乾淨，再去除莖部的硬外皮。
烹調：切成適當大小，烹飪煮熟。
保存：不需水洗，可以包保鮮膜冷藏，能保存三至五天。

🍀 菠菜

沒有黃葉、根莖部不會有太多摺痕受損、根部呈現明顯的紫紅色，表示比較新鮮。

清洗：去除根部，仔細清洗容易藏在細部的泥土。
烹調：切成適當大小，烹飪煮熟。
保存：不需清洗用報紙包起，冷藏保存，三天內食用完畢，營養價值最高。

菇類

選擇外型完整有彈性，不能呈現半透明或濕潤軟爛狀，而且聞起來要有香氣而非霉味的菇類。

清洗：真空包裝的菇類只需要撕除包裝、切掉蒂頭即可烹飪。而至於其他零售菇類如杏鮑菇、秀珍菇因為人手摸過挑選，建議清洗後再烹飪。
烹調：切成適當大小，烹飪。
保存：不要清洗，直接包保鮮膜或放入密封容器，冷藏保存三天內使用完畢。

水果類

選擇國產、新鮮、當季的水果，營養價值最高。另外要注意若水果有發霉、腐爛情形，就千萬不能給寶寶吃。

清洗：切除果皮取果肉。
烹調：切成適當大小再給寶寶吃。
保存：略生的水果要放室溫，成熟的水果放冷藏保存。

副食品製作技巧分享

很多父母是因為有了第一個孩子才開始走進廚房，而雙薪家庭結構之下，餐餐煮副食品變成一件惱人的家事。別擔心，下面就來分享 K 力常使用的副食品製作技巧，有效利用廚房時光。

善用合適的工具

副食品很多食材都要切碎，或打泥，因此可以多利用切碎盒、攪拌棒，加速製作的時間。

利用食材特性，縮短加熱等待時間

事先切丁再汆燙，可以比整顆蒸熟或煮熟的時間快。以馬鈴薯來說，一顆蒸熟需要十至十五分鐘，如果切丁再蒸或煮，則有效節省 2／3 時間。

從大人飲食中挪用

從製作日常料理裡，挪一小份量來做副食品。例如今天牛肉咖哩，那可以先煮洋蔥、紅蘿蔔、蘋果高湯，挪一部分高湯做副食湯底，挪牛肉、洋蔥、紅蘿蔔、蘋果做材料，大人版加咖哩塊熬煮適當濃稠度，然後寶寶版的再加濃粥、切碎的綠蔬，就是快速現煮的副食品，多做一份，還可以冷藏保存當做隔天寶寶的午餐。

善用冰箱的冷凍室，事先冷凍保存食材

將新鮮的食材處理後，切成適當大小分裝冷凍，像是洗淨的生米、切碎的肉泥、新鮮魚片、削皮切丁的根莖類、切碎的花椰菜及高麗菜，甚至某些水果，都可以這麼做，能保存一到兩週。另外，解凍後的食材必須用完不能再次冷凍。

製作一週內使用的安全營養冰磚

可以準備各種口味的高湯冰磚，濃粥冰磚，這樣需要馬上煮副食品時，可以取幾塊加肉加菜一起煮熟，迅速出餐。

善用天然調味料

沒時間熬高湯的，也可以多利用香菇、蝦米、昆布、柴魚等等所磨成的粉片，加入料理中，讓副食品味道更有風味。

將食材切成適當的大小再冷凍，也是很方便的方式。

常見的料理方式與術語說明

切大塊
切成約 5 公分立方體的大塊狀，如紅蘿蔔塊。

切滾刀塊
一邊滾食材，一邊切下，稱為滾刀塊，會得到類似三角錐的塊狀。

切斜片
配合料理來決定厚度，斜切成長片。

切條
配合料理將食材切成長條，約 5x1x1 公分。

切絲
將 5 公分長的 0.2 公分薄片疊放，再切成絲。

切細絲
比上述的絲狀再更細一點，即為細絲。

切丁狀
配合料理將食材先切成長條，再切成丁狀，約 1x1x1 公分。

切小丁狀
將食材先切成絲，再切成小丁狀，約 0.2x0.2x0.2 公分。

切末／切碎
配合料理將食材先切成細絲，再切碎。

Part 2 副食品製作｜常見的料理方式與術語說明

順紋切
肉塊上較長、較直的纖維紋路是順紋，順著一條條的紋理切肉，即是縱切，切出的肉紋路呈川字狀。因為保留完整的肌肉纖維，烹調過後的口感會比較有嚼勁、不易咬斷。

逆紋切
橫著紋理切肉，讓肉塊形成較短的散狀肉紋，切出的肉片的紋路會呈現井字狀，像是一格格的方塊，排列成遍佈的油花。逆紋切會把肌肉纖維切斷，讓肉容易一口咬斷。

打水
將肉泥或肉片，加入適當水量，用攪拌或揉捏的動作，讓肉品吸收水分。

削皮
用削皮刀，將蔬果皮削除，如地瓜、馬鈴薯、蘋果等。

挖芽
用刀尾朝三的方向切下，挖除新芽或損傷。

挖種籽
用湯匙挖除種籽。

磨泥
利用磨泥器將食材磨成泥狀，更方便吸收，如蘋果泥、梨子泥。

燙煮
煮一鍋飲用水，水滾後，放入食材燙煮。

殺青
燙煮後撈起瀝乾，放入冰水中冷卻10~30秒。

培養孩子一同用餐的好習慣

有良好用餐習慣且發展正常的孩子，通常 1 歲時，就可以自己用湯匙，吃完碗中百分之五十的食物了，而要讓孩子可以做到並不難：

◎ 固定時間吃飯

時間到了就吃飯，讓孩子知道自己要跟著大人一同用餐。

◎ 固定位置坐著吃飯

要讓小孩習慣「坐」著才有飯吃，不坐，要下來玩，那媽媽就把餐點收起來，不能再給他吃了。

◎ 營造愉快的用餐環境

選在起床後用餐，讓孩子精神飽滿的吃飯，心情會比較好。而且可以邊餵邊微笑邊唱歌給孩子聽（我都唱哆啦Ａ夢），不過不能玩到瘋，小孩反而會不吃了。另外，千萬不要催促著小孩「快點吃、快點吃」，這樣只會讓孩子越急越反感吃飯這件事。

◎ 好吃的食物晚點給

對嬰兒來說，好吃的食物，就是甜的食物。所以舉凡較甜的果泥、果汁（需加開水對半稀釋；1 歲前不建議單喝果汁，最好連果泥一起攝取），建議都只在點心時間才給，而正餐時間就是要營養均衡，菜肉蛋澱粉都要攝取。

◎ 常常變化多種菜色，
　就算不喜歡吃的食物也要偷偷加進去

寶寶一吃到甜的澱粉後，通常都會很喜歡地瓜、南瓜，所以可以慢慢減少這些食材的用量，用洋蔥、紅蘿蔔、玉米熬成的高湯來替換，慢慢的，還可以在食材裡面加點蒜頭、薑、有苦味的青菜等等。孩子越大會越挑食，所以要趁他無法抗議時，多變化菜色，讓孩子多接觸不同的食材，長大後才不會養成挑食的習慣。

◎ 適時放手讓孩子自己進食

大約 6 至 8 個月大時，我就讓孩子自己嘗試吃東西，也一邊訓練手指抓握的靈活度，所以等到 10 個半月大時，孩子開始要學習拿餐具的時候，就可以練習的更快、掌握更好。

◎ 最重要的是，父母自己也要記得吃飯

每個孩子都是父母心中的寶貝，所以當爸媽的，常常會忘了自己的需求，不過，孩子可是很精的喔，你不吃，他怎麼會覺得好奇也想跟著吃呢？所以別把孩子當主角，大人自己也要記得吃飯喔！

好吃的副食品，寶寶都超級捧場，吃光光喔！

一目了然的階段副食品

	初期（泥） 4～6個月	中期（末） 7～9個月	後期（小丁） 10～12個月	完成期（丁） 1歲以上
米	 泥狀	 0.2～0.3cm	 0.4～0.5cm	 0.7～1cm
麵	 泥狀	 0.2～0.3cm	 0.4～0.5cm	 0.7～1cm
葉菜	 泥狀	 0.2～0.3cm	 0.4～0.5cm	 0.7～1cm
根莖	 泥狀	 0.2～0.3cm	 0.4～0.5cm	 0.7～1cm
豆	 泥狀	 0.2～0.3cm	 0.4～0.5cm	 0.7～1cm

	初期（泥） 4～6個月	中期（末） 7～9個月	後期（小丁） 10～12個月	完成期（丁） 1歲以上
蛋	 泥狀	 0.2～0.3cm	 0.4～0.5cm	 0.7～1cm
魚	 泥狀	 0.2～0.3cm	 0.4～0.5cm	 0.7～1cm
肉	 泥狀	 0.2～0.3cm	 0.4～0.5cm	 0.7～1cm
水果	 泥狀	 0.2～0.3cm	 0.4～0.5cm	 0.7～1cm

Part 2 副食品製作——一目了然的階段副食品

常見 Q & A

Q 副食品何時可以取代當餐奶？

一般來說，在 1 歲前母乳或配方奶仍為寶寶主要營養來源。9 個月左右、副食品吃得好的寶寶，則可以用當餐副食品取代餐後會補上的配方奶或母奶，通常 9 個月左右可以取代一餐奶，11 個月左右取代兩餐奶。

Q 蔬果肉蛋澱粉的比例？

足夠的澱粉加上蛋白質，孩子才能夠長高長肉，如果澱粉攝取不足，而只吃蛋白質，那麼身體轉換能量的機制，就會先消耗蛋白質來當熱量來源，孩子就會較瘦與精實。以一般正常健康寶寶來說，可以將比例略分為澱粉六成、蛋白質兩成、蔬果兩成。

Q 1 歲前的寶寶能攝取鹽嗎？

母乳與配方奶裡就含有鈉，所以一般來說，製作副食品不需要特地加鹽。但是針對食慾不佳、副食品吃不好、生長曲線落後的寶寶，也是可以嘗試加點鹽，增加味道吸引寶寶的食慾，但是不建議超過 0.5g，約 200 毫克的鹽。

Q 食譜中有些甜點會用砂糖製作，可以改用其他糖嗎？

糖類的選擇很多，依照不同食譜，砂糖能替換成冰糖、紅糖或黑糖，蜂蜜能替換成天然楓糖，若想更健康點，也能把糖替換成海藻糖、棕櫚糖、甜菊糖等等。倒是轉化糖製成的玉米糖漿就較不建議給寶寶吃，因為越來越多研究證明，轉化糖玉米糖漿對於肥胖與糖尿病，產生一定嚴重影響。當然，很多天然食材也含有甜度，如香蕉、蘋果、地瓜、南瓜、葡萄等等，所以也可以嘗試用天然食材取代砂糖，更為健康。

可以嘗試用天然食材取代砂糖。

寶寶要吃多少油？

母奶和配方奶都含油脂，而一般的食物之中，乳類、肉類、魚類、熬肉高湯裡、堅果、酪梨都含有油脂。所以如果今天這一餐 100ml 的副食品之中，沒有任何的油脂的話，K力會加 1ml 的食用油，約 3～5 滴，來確保有油脂幫助寶寶潤腸通便。

酪梨也是很好的油脂來源。

寶寶要吃什麼油？

動物油脂（如豬、牛、羊脂等）具有較多飽和脂肪酸、植物油則普遍含有較多不飽和脂肪酸（但可可油、椰子油、棕櫚油等例外），另外，魚油含有非常高量的多元不飽和脂肪酸（如 DHA、EPA 等）。

就醫藥保健角度，飽和脂肪酸較容易造成人體心血管疾病生成；而不飽和脂肪酸則有清除血管中三酸甘油脂及低密度脂蛋白膽固醇的效果。因為有些油脂即使優良，但是因為味道重，反而會讓寶寶拒吃副食品（譬如苦茶油的味道），所以一般來說，K力建議盡量選冷壓、初榨、味道不強烈、原裝原瓶進口的不飽和脂肪酸食用油添加在副食品之中。

寶寶餐具的清洗方式？

市面上的餐具類型眾多，其中最一般的清洗方式就是用海綿加中性清潔劑手洗，比較需要注意的是，清洗時要用海綿面而非菜瓜布面，菜瓜布面會將餐具刮出肉眼看不出的細小裂縫，造成細菌躲藏滋生，造成衛生疑慮。

寶寶餐具需要消毒嗎？

新生兒喝奶的奶瓶需要消毒，是因為寶寶月齡小抵抗力弱。而開始吃副食品的寶寶，健康狀況比新生兒佳，而且一般正常的清洗程序加上乾淨環境自然風乾的使用情況之下，寶寶的餐具其實不需要額外消毒。但是如果真的很擔心，使用消毒鍋也無妨，最重要的是消毒前先確認餐具與消毒鍋的使用方式，才不會造成餐具損壞。

副食品基礎製作
高湯的熬煮與使用

為什麼要使用高湯？

很多媽媽都會問，高湯有營養嗎？其實高湯的營養價值不高，甚至可以說幾乎沒營養，還不如把熬湯的蔬果都吃一吃，還比較能補充纖維質與營養素。

不管在中式或西式料理之中，熬高湯的用意是為了取其「風味」。因為煮好的高湯都會有一股融合「甜、鹹、香」的滋味，而甜味和鹹味自古以來都是人類最不可抗拒的調味品，所以煮好的高湯味道鮮美，有增加寶寶食慾的功用。

不管是米、蔬果、肉類或海鮮，都有含鈉，所以在使用高湯的時候，不要全部用高湯取代副食品中的水分，這樣一來會造成鈉攝取過多、過鹹，二來也有可能造成寶寶不吃調味淡的料理了。因此建議慢慢加入 20~50 ml，邊加邊試味道，就能輕鬆煮出寶寶也喜歡的副食品囉！

美味秘訣！

高湯上的浮油需要撈除嗎？

浮油不需要撈除，因為有適當的油脂，反而能夠幫助寶寶排便。有很多寶寶日常水量、纖維質都攝取足夠，只是因為沒有適當的油脂幫助腸子運作，才會便秘。

所以高湯上的浮油是天然優質油脂，反而不需要撈除，而是要分配包裝，確保每一顆冰磚都有分配到油脂，才不會集中在某一塊，造成攝取過量情形。

高湯上的浮油是天然優質油脂。

昆布香菇高湯

昆布香菇高湯風味典雅，可添加在副食品裡一同給寶寶食用，但是要注意如果有加高湯，那麼原本的粥就要調稠點，譬如寶寶原本吃十倍粥，就要改成八倍粥＋高湯，才不會造成副食品太稀。

這道菜有影片教學喔！

基礎高湯 份量：約 205ml

材料

電鍋內鍋：
乾燥昆布 5g
乾燥香菇 5g
乾淨溫飲用水 500ml

電鍋外鍋：
2 杯水

做法

1. 將昆布與香菇仔細清洗乾淨後，泡 500ml 溫水 10 分鐘釋放味道。
2. 放入電鍋，以外鍋 2 杯水蒸煮。如果用瓦斯爐，則水滾後轉小火慢熬 30 分鐘，過濾湯汁即完成。
3. 用副食品分裝盒 15ml 裝 10 格做成冰磚，冷藏保存 5 天，冷凍保存 2 週。

美味秘訣！

- 熬過的昆布和香菇也可以加點高湯打泥或切碎，製作成寶寶的副食品。要注意市面上有些乾燥昆布只能熬湯不能食用，這種昆布就不能給寶寶吃。
- 海帶不但能補充身體的碘元素，而且對頭髮的生長、滋潤、亮澤也都具有功效。重要的是海帶中的鈣較易被人體吸收，所以常吃海帶對兒童、婦女和老年人有保健作用。
- 乾的香菇比新鮮香菇營養價值高，除了粗纖維多 10 倍外，還多了維生素 D2，有助於人體排出多餘的膽固醇，還可鎮定神經、改善失眠。

Part 2　副食品製作：副食品基礎製作：高湯的熬煮與使用→昆布香菇高湯

蔬菜高湯

煮蔬菜高湯，重點要選寶寶有吃過的、不會過敏的即可，如西洋芹、洋蔥、高麗菜、玉米、紅白蘿蔔、竹筍、香菇、蘋果、番茄、薑、蒜等等都可以；並且最好不要加澱粉根莖類，如地瓜、南瓜、芋頭、馬鈴等，以免讓高湯變得粉濁且口感不清爽。

基礎高湯　份量：約 150ml

這道菜有影片教學喔！

材料

電鍋內鍋：
西洋芹 30g
洋蔥 30g
玉米 30g
紅蘿蔔 15g
竹筍 10g
蘋果 30g
番茄 15g
薑片 2 片
蒜頭 3 顆少許
冷飲用水適量

電鍋外鍋：
2 杯水

做法

1. 將所有材料清洗乾淨後，切成適當的塊狀，注入蓋過食材的冷飲用水。
2. 放入電鍋，以外鍋 2 杯水蒸煮。如果用瓦斯爐，則是水滾後轉小火，慢熬 20 分鐘，過濾湯汁即完成。
3. 待高湯溫度下降至微溫後，用副食品分裝盒 15ml 裝 10 格做成冰磚，冷藏儲存 3 天，冷凍儲存 2 週。

美味秘訣！

- 秋冬時 K 力喜歡在高湯中加薑和蒜頭，提升孩子免疫力，但是不要加多，以免剛開始吃副食品的寶寶無法接受辛辣味。
- 不管是電鍋的內鍋或外鍋，都要用乾淨的飲用水，因為外鍋水煮沸時變成水氣，會跑入內鍋中。
- 影片中示範的食材，都是適合做高湯的蔬果，所以不需要每種都加，可以互相搭配使用，也可以變化風味。其它如高麗菜、大白菜、白蘿蔔等也很適合用來製作高湯。
- 煮後的蔬果可以加在日常料理中，也可以壓爛或搗成泥狀給寶寶吃，補充纖維質。

豬軟骨高湯

高湯到底要用冷水還是熱水煮？用瓦斯煮還是電鍋煮？製作寶寶豬骨高湯看似很簡單，但是有幾點要特別注意。

這道菜有影片教學喔！

基礎高湯 份量：約 150ml

材料

電鍋內鍋：
豬軟骨 200g
蒜頭 5 顆
洋蔥 50g
薑片 2 片
冷飲用水適量

電鍋外鍋：
4 杯水

做法

1. 豬軟骨若帶血水可稍微用水清洗。蒜頭去皮用刀背拍一下；洋蔥去皮切塊；薑去皮切片。
2. 煮一鍋水，水滾後放入豬軟骨汆燙，待水滾後把水倒掉。
3. 將汆燙後的豬軟骨，注入蓋過食材的冷飲用水，加入蒜頭、洋蔥、薑，放入電鍋，以外鍋 4 杯水蒸煮。如果用瓦斯爐，則水滾後撈掉雜質轉小火熬煮 1 小時，過濾湯汁即完成（若蓋鍋蓋熬煮，冷水要淹過豬軟骨 1 公分；若不蓋鍋蓋熬煮，冷水要淹過豬軟骨 3 公分）。
4. 待高湯溫度下降至微溫後，用副食品分裝盒 15ml 裝 10 格做成冰磚，冷藏儲存 3 天，冷凍儲存 2 週。

美味秘訣！

- 蒜頭、洋蔥、薑是為了去腥，如果寶寶沒吃過的話先不要添加。
- 燉煮後的豬軟骨不要浪費喔！直接吃或者做成其它料理都很好吃。
- 不要用大骨、賓仔骨取代豬軟骨，以免在高湯熬煮過程中，釋放出重金屬鉛。

Part 2 副食品製作 副食品基礎製作：高湯的熬煮與使用 → 蔬菜高湯、豬軟骨高湯

雞高湯

在一般西餐廚房裡面，如果用只用雞骨熬高湯，通常會以小火慢熬 2～4 小時以上，才會有風味；但是這個方式成本效益較低，比較不適合居家使用。寶寶的雞高湯，K力採雞腿、雞翅來熬煮，短時間內風味就足夠，也能補充膠原蛋白，煮完的雞肉也鮮甜軟嫩，全家人都可以吃，用來補充蛋白質也很棒。

基礎高湯 份量：約 150ml

材料
雞腿 2 隻或雞翅 6 隻
洋蔥塊 50g
紅蘿蔔塊 30g、
冷飲用水適量

做法
1. 雞腿或雞翅切塊，放在流動的水下沖乾淨，放入滾水中汆燙 1 分鐘。
2. 洋蔥和紅蘿蔔去皮洗淨後切大塊。
3. 將所有材料放入鍋裡，加入剛好淹過材料的水量，開大火熬煮。
4. 待煮沸後轉中火，撈除浮沫，再以小火熬煮 30 分鐘，過濾湯汁即完成。
5. 待高湯溫度下降至微溫後，用副食品分裝盒 15ml 裝 10 格做成冰磚，冷藏儲存 3 天，冷凍儲存 2 週。

美味秘訣！

- 如果沒有洋蔥或紅蘿蔔，也可以改用青蔥 5 根或蒜頭 5 粒，滋味一樣宜人。
- 使用壓力鍋烹煮，約只需要 15 分鐘即可完成，更為省時。
- 浮在湯表面的雞油不需要特別過濾，因為是天然油脂，比起額外幫寶寶添加的油脂更健康。

牛肉高湯

西餐正宗的牛高湯是用烤過的牛大骨加蔬果和香料束，用小火不斷熬煮6到8小時，但是用這個方法熬煮寶寶牛肉高湯耗時耗力又耗金錢，因此這裡用另一種方法，不但省時，還可以變成更多樣料理。

基礎高湯　份量：約150ml

這道菜有影片教學喔！

材料
牛腱肉 200g
洋蔥 50g
紅蘿蔔 30g
冷飲用水適量

做法
1. 牛腱去除難咬的筋膜部位；蔬果洗淨切大塊。
2. 將全部材料放入壓力鍋，加入剛好淹過材料的水量，熬煮12分鐘。如果用瓦斯爐，大火沸騰後轉小火，慢慢熬煮30～60分鐘，至牛肉柔軟即可，過濾湯汁即完成。
3. 待高湯溫度下降至微溫後，用副食品分裝盒15ml裝10格做成冰磚，冷藏儲存3天，冷凍儲存2週。

美味秘訣！
- 燉煮後的牛腱肉可應用於其它料理。
- 需要的時候，就丟1至2塊冰磚至倍粥裡一起加熱給寶寶吃。

Part 2　副食品製作｜副食品基礎製作：高湯的熬煮與使用→雞高湯、牛肉高湯

蝦高湯

很多食譜教用蝦乾熬煮的蝦高湯,這種方式需要購買一大包的蝦乾,而且量還頗多,極易過期。所以這道高湯K力示範的是一般西餐會使用且最經濟的方式,就是用新鮮「生蝦殼」來製作。

基礎高湯 份量:約 150ml

材料
新鮮蝦子 6～8 隻
洋蔥丁 20g
冷飲用水適量

做法
1. 新鮮的蝦子洗淨後去頭、剝殼。
2. 洋蔥去皮洗淨切丁。
3. 準備一湯鍋,開中火,倒入耐高溫的烹飪油,油溫升高後放入蝦殼與洋蔥略炒 1 分鐘,然後加入淹過材料的冷飲用水。煮滾後轉小火,撈除浮沫,熬煮 15～20 分鐘。
4. 待高湯溫度下降至微溫,過濾後用副食品分裝盒 15ml 裝 10 格做成冰磚。冷藏保存 3 天,冷凍可保 2 週。

美味秘訣!

- 製作蝦高湯一定要使用新鮮的蝦殼製作,否則容易保存至隔天即產生腥味,不易入口。
- 剝完殼的蝦肉可另外做副食品。
- 如果手邊有其它食材如西洋芹、紅蘿蔔、月桂葉時,也可以一同添加(份量為西洋芹 10g、紅蘿蔔 10g、月桂葉 1 片),可以增加高湯的清香度。

虱目魚骨高湯

台灣市場上常見的虱目魚骨，不但平價，也是非常好增添風味的高湯，因為鮮味足夠，所以寶寶通常都很捧場。

基礎高湯　份量：約 150ml

這道菜有影片教學喔！

材料
電鍋內鍋：
虱目魚骨 2 尾
乾淨冷飲用水適量

電鍋外鍋：
2 杯水

做法
1. 虱目魚骨魚背上切一刀，將魚骨放入滾水中汆燙 1 分鐘後撈出瀝乾，去除血水和雜質。
2. 將汆燙後的魚骨，注入蓋過食材的冷飲用水，以外鍋 2 杯水蒸煮。如果用瓦斯爐，則是水滾後撈掉雜質轉小火熬煮 30 分鐘，過濾湯汁即完成。
3. 待高湯溫度下降至微溫後，用副食品分裝盒 15ml 裝 10 格做成冰磚，冷藏儲存 3 天，冷凍儲存 2 週。

美味秘訣！
- 虱目魚骨偏厚，在魚背上切一刀，可讓味道更容易被釋放出來。
- 魚骨高湯味道濃厚，寶寶會非常喜歡，以高湯：水＝1：4 來烹煮副食品，味道即足夠。
- 瓦斯爐法因為隨著燉煮時間越長，水分蒸發於空氣越多，所以味道比電鍋更濃厚。但是電鍋的好處就是不用顧火，適合忙碌又要煮副食品的父母親。
- 浮在湯表面的魚油不需要特別過濾，纖維質也要有油脂的幫忙才有助排便。

Part 2　副食品製作－副食品基礎製作：高湯的熬煮與使用－蝦高湯、虱目魚骨高湯

副食品基礎製作
辛香料製作與用法

所謂辛香料,就是指有「辛味」或「香味」的植物,舉凡像是中式料理常用的蒜頭、洋蔥、辣椒、嫩／老薑、青蔥,或是西方料理常用的百里香、月桂葉、迷迭香、鼠尾草、薄荷等等,這些都可以括稱為辛香料;因為有特殊或強烈的氣味,因此我們在加入副食品之前,都要謹慎用量,才能在增添菜餚美味的同時,又能避免過分刺激寶寶的腸胃。

如何用辛香料來做寶寶副食品?

辛香料的添加不是為了去腥,而是為了提味。肉類如果有腥味就是不新鮮,不新鮮的肉類才需要用很強烈的食材或醬料蓋住腥味,而新鮮的肉類加入適當辛香料,可以讓整體菜餚氣味相輔相成,提升到更加平衡的味覺饗宴。以 8 個月大的寶寶來說,因為辛香料的份量少,加上辛味道比較強烈,所以可以安排的飲食為:

- **第 1 天** >>> 早上試新食材(有辛香料),午餐或晚餐吃舊食材(無辛香料)
- **第 2 天** >>> 都吃舊食材(無辛香料),邊觀察有無過敏反應
- **第 3 天** >>> 早上試新食材(有辛香料),午餐或晚餐吃舊食材(無辛香料)
- **第 4 天** >>> 都吃舊食材(無辛香料),邊觀察有無過敏反應
- **第 5 天** >>> 早上試新食材(有辛香料),午餐或晚餐吃舊食材(無辛香料)
- **第 6 天** >>> 都吃舊食材(無辛香料),邊觀察有無過敏反應

測試寶寶會不會對此過敏的同時,也不會讓辛香料過於刺激寶寶的腸胃,千萬不要煮一鍋湯就直接丟入辛香料,這樣會過於刺激,而且若是過敏,整鍋湯就必須丟掉了。1 歲後的寶寶,因為腸胃功能一般正常來說已經十分良好,因此就不需要再測試辛香料的耐敏性,只需注意在料理中酌量添加即可,以免搶走主食風味喔!

生薑 蒜頭 青蔥 九層塔 香菜 五種辛香料

五種辛香料　份量：約 205ml

這道菜有影片教學喔！

材料
生薑數片
蒜頭 1 瓣
青蔥 1 支
九層塔（取葉子部分）末 5g
香菜（取葉子部分）末 5g

做法
1 將生薑去皮洗淨，切小片。
2 蒜頭剝皮洗淨，切碎。
3 青蔥洗淨，切小段。
4 九層塔取嫩葉，清洗乾淨，切碎。
5 香菜取嫩葉洗淨，切碎。
6 以上材料直接用副食品分裝盒 15ml 裝 10 格做成冰磚。密封後冷凍保存 1 到 2 週。

美味秘訣！

- 如果模子大而辛香料只需要一點點，就加點水增加空間結凍，這樣一來也方便取出冰磚，而模子小的話就直接分裝冷凍。
- 因為辛香料皆為生食，所以和副食品（冰磚）一同加熱時，必須加熱至沸騰狀態（100 度 C）後，才可以給寶寶吃。
- 生薑、蒜頭、青蔥煮完可以撈出來，取氣味就好，不用讓寶寶吃，而九層塔、香菜可以直接拌在副食品中。
- 舉例來說，加了薑片的牛肉紅蘿蔔洋蔥七倍粥，就像是在吃清燉牛肉麵；加了香菜的鱸魚菇菇枸杞葉粥，則有淡淡的清香。

Part 2　副食品製作一副食品基礎製作：辛香料製作與用法→生薑、蒜頭、青蔥、九層塔、香菜五種辛香料

副食品基礎製作
寶寶醬油／鮮味粉製作與用法

育兒生活一邊帶寶寶、一邊準備副食品常常容易手忙腳亂,如果遇到寶寶不賞臉的時候,總是會讓人特別氣餒。製作高湯雖然方便,但是需要花時間顧火,而且考量到保存期限,所以變化有限;而市售的鮮味粉雖然方便,但是成分總是很難令父母放心。這時自製寶寶醬油及鮮味粉除了可以馬上搭配喜歡的食材之外,天然健康又無添加劑,而且口味更鮮甜,有效增加寶寶食慾。

寶寶醬料 份量:約100ml

材料
市售醬油 50ml
蔬菜高湯 50ml
(請參見 P62)

做法
1 將醬油與高湯混合均勻,煮滾1分鐘,即為簡易版寶寶醬油。
2 冷藏5天內使用完畢。

美味秘訣!
- 市售醬油請選擇非基改黃豆、天然無化學添加物的最好。

Part 2 副食品製作　副食品基礎製作：寶寶醬油／鮮味粉製作與用法

香菇粉、櫻花蝦粉、乾燥海帶芽／昆布粉、柴魚片粉

材料
乾香菇 5 朵
乾燥櫻花蝦 10g
乾燥海帶芽 10g
昆布粉 10g
柴魚片 3 大匙

做法
1. 香菇、海帶芽用乾淨牙刷稍微刷乾淨，去除卡在縫隙的雜物；或快速沖洗後用紙巾擦乾。
2. 乾香菇、櫻花蝦、海帶芽、柴魚片放入鍋中，開小火乾鍋（不加油），把材料炒乾至散發出香味；或也可用烤箱，慢慢烘乾。
3. 將材料個別放入食物調理機內，打成碎粉末；若喜歡重口味，可加適量鹽、冰糖一起打。
4. 將打好的鮮味粉用篩網過篩，去除未打碎的粗顆粒。
5. 無防腐劑冷藏保存 2 週。

美味秘訣！

- 雖然乾貨直接打碎比較快，但乾燥過程中可能有小蟲或蒼蠅停留，所以稍微洗過、加熱比較安全。
- 乾香菇粉、乾燥櫻花蝦粉、乾燥海帶芽／昆布粉、柴魚片粉，這些材料可自行搭配口味變化，如香菇昆布粉、櫻花蝦昆布粉、昆布柴魚粉等等。
- 過篩後未打碎的粗顆粒，可用茶葉袋裝起用來熬湯。

副食品基礎製作
醬料製作與用法

流動的醬料，可以均勻裹在固體食物的表面上，讓食材保持令人愉悅的濕度和綿密的質感，也延長體驗美味的時間，帶來濃郁的感受。要做到能夠「粘附」在主食上的醬料，在西餐料理中，常常需要三種技巧，就是麵糊（roux）、乳化（emulsifier）以及收乾（reduction）。冰箱常備幾種醬料，料理孩子的副食品更能做出各種變化，增添美味。製作醬料，各家有各家獨特比例與風味，但製作寶寶醬料，最重視食材的安全性、營養以及味道的平衡。

番茄紅醬

整顆番茄製作的紅醬，因為不含油脂，所以吃起來更清爽，味道非常百搭。

寶寶醬料 份量：約 150ml

材料
番茄去皮去蒂頭 2 顆
洋蔥 60g
乾燥百里香 1/4 小匙
月桂葉 1 片
鹽適量
黑胡椒適量

做法
1. 番茄底部用小刀畫十字，放入滾水中汆燙 10~20 秒，再把外皮剝除、去掉蒂頭，和洋蔥放入食物調理機打成泥狀。
2. 將番茄洋蔥泥倒入湯鍋，加入乾燥百里香和月桂葉，滾後轉小火，加入適量鹽和黑胡椒，再熬煮 5 分鐘至適合的濃稠度即可。
3. 用副食品分裝盒 15ml 裝 10 格做成冰磚，冷藏保存 7 天，冷凍保存 1 個月。

這道菜有影片教學喔！

美味秘訣！
- 紅醬可以變化成蔬菜湯、義式羅宋湯、番茄海鮮義大利麵、番茄燉飯，或者當做披薩的基底味道。

蘿勒青醬

這道青醬有特意降低蒜頭的份量，不會太過於嗆辣，大人小孩都適合。

寶寶醬料　份量：約 150ml

這道菜有影片教學喔！

材料
九層塔（或蘿勒）60g
松子 25g
蒜頭 5 顆
帕瑪森起士 10g
橄欖油 75ml
鹽適量
黑胡椒適量

做法
1. 滾水汆燙九層塔約 15 秒後，撈起瀝乾，放入冰水冰鎮 10 秒，再撈起擠乾水分。
2. 將松子放入烤箱均勻烤 2 分鐘，或在鍋子上炒乾，增進香氣。
3. 所有材料放入切碎盒，切碎攪拌均勻。
4. 做好的青醬表面再淋上一層橄欖油，可避免接觸空氣減緩氧化變黑。
5. 用副食品分裝盒 15ml 裝 10 格做成冰磚，冷藏保存 5 天內，冷凍保存 1 個月。

美味秘訣！
- 做法 1 可保持九層塔的青翠綠色，也可以避免蟲卵殘留葉上，且讓味道清香不嗆辣。
- 美味的青醬可以做成青醬雞肉義大利麵、青醬炒杏鮑菇、青醬蛤蜊燉飯、青醬海鮮披薩等等。

奶油白醬

通常孩子都抵擋不住白醬的魅力，濃濃的奶香很好入口。

寶寶醬料　份量：約 150ml

這道菜有影片教學喔！

材料
中筋麵粉 50g
奶油（或牛油）50g
牛奶 300ml

做法
1 平底鍋開大火，放入奶油，等奶油融化 4／5 後轉小火，讓餘溫繼續融化奶油。
2 加入中筋麵粉，快速攪拌均勻。
3 再分次加入 30～50ml 的牛奶，重複 5～6 次，就可以完成不結塊的白醬。
4 待高湯溫度下降至微溫後，用副食品分裝盒 15ml 裝 10 格做成冰磚，冷藏保存 5 天，冷凍保存 1 個月。

美味秘訣！

- 這個比例的白醬比較像是麵糊的質地，因為使用的牛奶比例比較少，好處是儲存時省空間，烹飪時用一粒冰磚在料理中、加點水攪拌均勻就可以。
- 這道奶油白醬千變萬化，可以變化做成燉飯、義大利麵、奶油燉白菜、玉米濃湯、巧達湯等。

豆漿松子美乃滋

一般用生蛋黃作為乳化劑的稱作蛋黃醬或美乃滋,但生蛋黃常有感染的疑慮,因此改用豆漿作為乳化劑的美乃滋無蛋無奶,不僅更安全之外,也更美味呢!

寶寶醬料 份量:約 150ml

這道菜有影片教學喔!

材料
豆漿 50ml
鹽 3g
白醋或檸檬汁 15ml
植物油 150ml
細砂糖 20g

做法
1 將所有材料放入攪拌杯,開啟攪拌棒上下移動攪打,直到所有材料均勻融為一體即完成。
2 冷藏保存 5 天。

美味秘訣!

- 美乃滋的比例選擇很多,但是選對油比選對配方重要,油的滋味就決定美乃滋的風味,建議要試過植物油的味道,確認喜歡後,才加入。
- 用上面的配方製做時,若覺得太稀軟,就再加油;覺得太透明,就再加豆漿;覺得太黃或太硬,就再加醋。
- 製作時不能用不鏽鋼鍋或鐵鍋盛裝材料,以免使美乃滋呈現鐵灰色喔!

Part 2 副食品製作 副食品基礎製作:醬料製作與用法→奶油白醬、豆漿松子美乃滋、優格醬

優格醬

優格也很適合做寶寶餐的淋醬。每週準備 2～4 餐優格，並加上一些新鮮水果讓孩子當早餐或點心，不但可以補充鈣質也能常保腸胃健康。

寶寶醬料 份量：約 500ml

這道菜有影片教學喔！

材料
全脂牛奶 500ml
優格菌粉 1 包

做法
1. 將所有工具與容器消毒，烤箱預熱至 45℃。
2. 準備耐熱容器，倒入一些牛奶加入整包優格菌粉，將菌粉攪拌均勻後，再倒入剩餘的牛奶，全部攪拌均勻。用鋁箔紙當蓋子包起，避免發酵過程中遭受污染，再放進烤箱，設定溫度為 45℃，依照菌粉建議時間發酵。
3. 發酵完成後撕開鋁箔紙，蓋上密封蓋後冷藏。冷藏保存 1 週，每次挖取時都要用乾淨湯匙挖取。

美味秘訣！

- 空氣中充斥著細菌和病毒，因此做優格時動作越迅速越好。有些教學會用優酪乳加牛奶做成優格，這個方法雖然沒問題，但是為了避免優酪乳已有異菌污染而不知；給嬰幼童吃的優格，最好還是用菌粉製作。
- 10 個月左右的寶寶可開始嘗試優格，而 18 個月以下的寶寶，建議製作前先將牛奶殺菌一次（牛奶加熱至 80～85℃即殺菌，再放涼至 40～45℃，才加菌粉）。
- 電鍋也能做優格，只要切保溫模式放著即可。不過建議要用 10 人份電鍋，因 6 人份電鍋保溫模式的溫度會高高低低，造成溫度過高，優格失敗情形。

Part 3

副食品實戰篇

Part 3 副食品實戰篇

第一階段：副食品初期（4～6個月）

副食品初期方式

- 滿 4、5 個月寶寶的飲食重點：

  開始嘗試副食品的寶寶，因為腸胃系統較弱，所以盡量每次嘗試一種食材就好，以免增加腸胃負擔。然後慢慢搭配一到兩種「吃過的」食材，可以讓寶寶練習腸胃的消化能力。

- 6 個月寶寶的飲食重點：

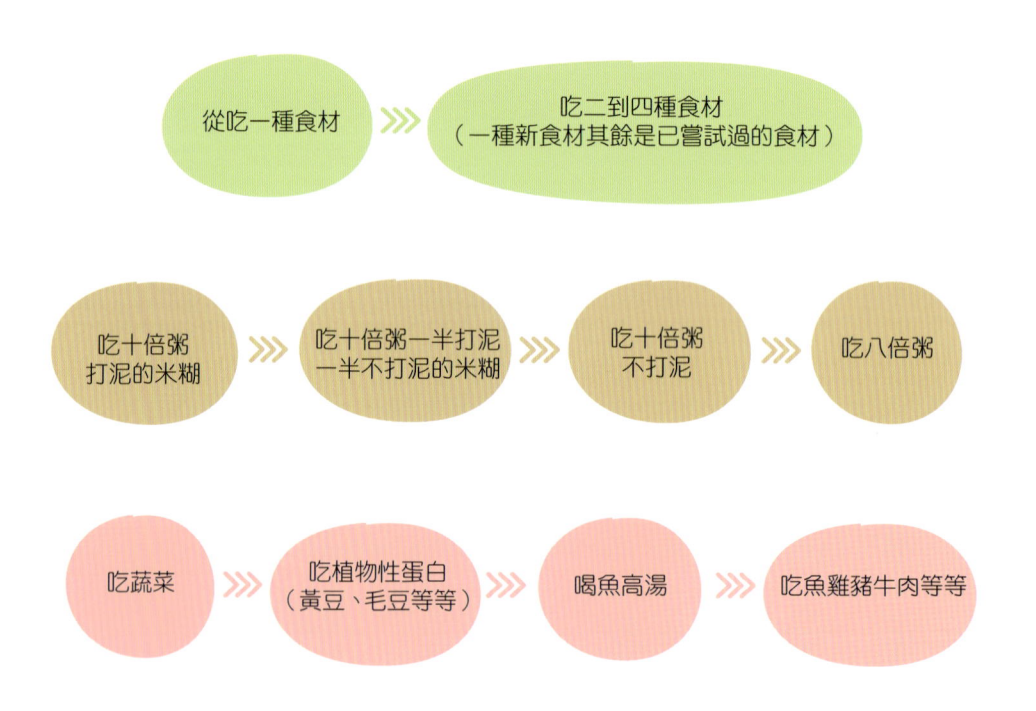

從吃一種食材 ▶ 吃二到四種食材（一種新食材其餘是已嘗試過的食材）

吃十倍粥打泥的米糊 ▶ 吃十倍粥一半打泥一半不打泥的米糊 ▶ 吃十倍粥不打泥 ▶ 吃八倍粥

吃蔬菜 ▶ 吃植物性蛋白（黃豆、毛豆等等） ▶ 喝魚高湯 ▶ 吃魚雞豬牛肉等等

副食品初期餵食檢查重點

- 寶寶第一次吃到顆粒狀的十倍粥時,會很愛把「顆粒」從嘴巴噴出來,這是正常的,可以將「嘴角的顆粒」用湯匙接回寶寶嘴裡,然後下一口就用寶寶喜歡的「泥狀副食品」,保持愉快的吃飯心情,慢慢地寶寶就能接受不打泥的十倍粥了。

4～6個月開始接觸副食品的寶寶可使用軟湯匙餵食。

- 要用湯匙餵食,因為這階段是訓練孩子從「吸吮」到「吞嚥」的過程,而且澱粉一定要由口水中的澱粉酶分解,才有利於孩子的吸收及消化。

- 未長牙與牙齒較少的嬰幼兒可選擇矽膠等軟性的湯匙材質,避免傷害寶寶柔軟的牙齦。

- 有過敏體質的寶寶,每次嘗試新食材時先少量試三天,試完再試下一種,這樣當有過敏時,才有辦法辨別孩子對哪種食材過敏。

- 選擇中午前,兩餐奶之間,寶寶情緒愉快時嘗試副食品,才不會因為太餓喝不到奶而生氣;即使發生嚴重過敏時,也容易快速就醫。

- 寶寶如果只吃一、兩口也不用太擔心,因為這階段的目標不是吃飽或取代奶量。是為了讓寶寶學習吞嚥與適應食材耐敏性,所以流出來、拒食、大哭、撇頭不吃這些都是有可能會發生的。

- 食材的順序需特意安排,讓寶寶不要一直吃「同類型」或「同口味」的食材。舉例來說,如果一直讓寶寶連著吃小松葉、地瓜葉、紅鳳菜,孩子很容易對副食品產生抗拒、吃膩的反應。

- 有些食材會和粥一起打泥,主要用意是降低不適的味道、幫助食材攪打成泥狀或者將食物稠化,方便餵食。

- 有時候寶寶不吃,不一定是討厭這項食材,有可能是不喜歡這個比例的濃稠度,可以試試看加水調稀一點,再試餵看看。

- 每種食材都會因為含水量不同,多少造成成品的差異,但是不用擔心,基本上就是將這階段的食材,做成十倍粥米糊的濃稠度即可,太稠就加一點水,太稀就加點澱粉(白飯、馬鈴薯等)幫助打泥。

添加澱粉可以幫助打泥。

- 如果擔心寶寶吃副食品有便秘的現象,也可以試著在食物中加入幾滴天然優質的油脂,例如酪梨油、橄欖油、亞麻籽油甚至豬油、雞油都可以。

天然的優質好油可以幫助排便。

4～6個月的寶寶作息示範

時　間	飲　食
06:00～07:00	母奶／配方奶
08:00～09:00	早餐
09:00～11:00	小睡
11:00～12:00	母奶／配方奶
13:00～15:00	午睡
15:00～15:30	母奶／配方奶
16:30～18:00	小睡
18:30～19:30	母奶／配方奶
20:30～21:30	母奶／配方奶，然後睡覺

Part 3　副食品實戰篇｜第一階段：副食品初期（4～6個月）

滿 4、5 個月的副食品計畫表

副食品一次（上午吃完，約 30～80ml ／餐），K力也初步規畫了四週的飲食建議，供媽媽搭配時參考。

	星期一	星期二	星期三
第1週	米湯	米湯	米湯
第2週	小黃瓜泥／米糊 或 豆芽菜米糊	小黃瓜泥／米糊 或 豆芽菜米糊	小黃瓜泥／米糊 或 豆芽菜米糊
第3週	玉米泥／米糊 或 地瓜米糊	玉米泥／米糊 或 地瓜米糊	玉米泥／米糊 或 地瓜米糊
第4週	黑木耳泥／米糊 或 洋蔥泥米糊	黑木耳泥／米糊 或 洋蔥泥米糊	黑木耳泥／米糊 或 洋蔥泥米糊

星期四	星期五	星期六	星期日
十倍粥米糊	十倍粥米糊	十倍粥米糊	十倍粥米糊
雪白菇米糊 或 白蘿蔔米糊	雪白菇米糊 或 白蘿蔔米糊	雪白菇米糊 或 白蘿蔔米糊	雪白菇米糊 或 白蘿蔔米糊
小松菜米糊 或 青椒泥米糊	小松菜米糊 或 青椒泥米糊	小松菜米糊 或 青椒泥米糊	小松菜米糊 或 青椒泥米糊
蘋果泥 或 火龍果米糊	蘋果泥 或 火龍果米糊	蘋果泥 或 火龍果米糊	蘋果泥 或 火龍果米糊

Part 3

副食品實戰篇｜第一階段：副食品初期（4～6個月）

滿 6 個月的副食品計畫表

副食品一次（上午吃完，約 30～80ml／餐）＋下午點心一次

	星期一	星期二	星期三
第 1 週	香蕉花椰菜米糊 或 鳳梨甜菜根米糊	香蕉花椰菜米糊 或 鳳梨甜菜根米糊	香蕉花椰菜米糊 或 鳳梨甜菜根米糊
第 2 週	南瓜大白菜十倍粥 或 大白菜玉米筍十倍粥	南瓜大白菜十倍粥 或 大白菜洋蔥十倍粥	南瓜黑木耳十倍粥 或 大白菜黑木耳十倍粥
第 3 週	金針菇花椰菜十倍粥 或 金針菇大白菜十倍粥	冬瓜紅蘿蔔鱸魚八倍粥 或 冬瓜洋蔥紅蘿蔔鱸魚八倍粥	冬瓜枸杞葉八倍粥 或 枸杞葉洋蔥鱸魚八倍粥
第 4 週	豬肉嫩筍青江菜八倍粥 或 牛肉嫩筍青江菜八倍粥	雞肉嫩筍青江菜八倍粥 或 魚肉嫩筍青江菜八倍粥	魩仔魚甜豆八倍粥 或 魩仔魚菜豆八倍粥

Part 3

副食品實戰篇 — 第一階段：副食品初期（4～6個月）

這個月的重點會用電鍋和湯鍋，K力會示範如何一次準備當週的食材，除了準備快速之外，食材好吃又多變，一舉雙得呢！

星期四	星期五	星期六	星期日
毛豆番茄米糊	毛豆番茄米糊	秋葵櫛瓜泥	秋葵櫛瓜泥
或	或	或	或
毛豆高麗菜米糊	毛豆高麗菜米糊	芭樂馬鈴薯泥	芭樂馬鈴薯泥
紅蘿蔔紅杏菜金針菇十倍粥	紅杏菜南瓜十倍粥	紅蘿蔔玉米筍十倍粥	金針菇花椰菜十倍粥
或	或	或	或
紅杏菜南瓜十倍粥	金針菇大白菜十倍粥	紅蘿蔔小白菜十倍粥	金針菇大白菜十倍粥
枸杞葉洋蔥八倍粥	豆腐青花菜八倍粥	鯛魚紅蘿蔔白花菜八倍粥	鯛魚紅蘿蔔白花菜八倍粥
或	或	或	或
枸杞葉紅蘿蔔鱸魚八倍粥	豆腐花椰菜八倍粥	鯛魚洋蔥枸杞葉八倍粥	鯛魚洋蔥枸杞葉八倍粥
魩仔魚花椰菜八倍粥	雞肉蘑菇八倍粥	牛肉梨子八倍粥	豬肉蘋果八倍粥
或	或	或	或
魩仔魚茭白筍八倍粥	豬肉蘑菇八倍粥	雞肉梨子八倍粥	豬肉火龍果八倍粥

85

滿 4、5 個月寶寶的食譜

米湯

米湯就是粥沈澱後的湯水。初試副食品的寶寶，可以先喝米湯 3 天，因為米湯的濃稠度和奶較為接近，比較不會刺激腸胃。

滿四、五個月寶寶　份量：約 200ml

這道菜有影片教學喔！

材料
白米 50g
飲用水 500ml

電鍋外鍋：
1 杯水

做法
1. 白米放入不鏽鋼內鍋中，略微洗淨 2～3 次，講究水質的父母，最後一次可以用飲用水清洗。
2. 洗淨的白米加入飲用水 500ml，放入大同電鍋中，外鍋加入 1 杯水。
3. 電鍋開關跳起後，先燜 20 分鐘後再開蓋，煮粥的水分就是米湯。寶寶喝米湯，稀飯大人吃，不要浪費喔！
4. 做好的米湯除了當餐餵寶寶之外，也可以留下 2 份冷藏保存，隔天再給寶寶吃。
5. 密封後，冷藏保存 3 天，冷凍保存 1 到 2 週。

美味秘訣！

- 白米盡量挑選剛收割、效期新鮮的有機米或無農藥的新米。

十倍粥米糊

白米不含麩質蛋白，加上母親懷孕時就會攝取白飯，肚子中的寶寶也會攝取到，因此不容易過敏，很適合當東方寶寶第一次接觸副食品的主食。

這道菜有影片教學喔！

滿四、五個月寶寶　份量：約 165ml

Part 3 副食品實戰篇｜第一階段：副食品初期（4～6個月）↓米湯、十倍粥米糊

材料
白米 15g
乾淨飲用水 150ml

電鍋外鍋：
1 杯水

做法
1. 白米放入不鏽鋼鍋中，略微洗淨 2～3 次，最後一次可以用飲用水清洗。
2. 洗淨的白米加入飲用水 150ml，放入副食品調理機或電鍋中，外鍋加入 1 杯水。電鍋開關跳起後，先燜 20 分鐘後再開蓋，再打成泥狀。
3. 密封後，冷藏保存 3 天，冷凍保存 1 到 2 週。

美味秘訣！

- 白米是將稻穀脫殼、糠層及胚芽都碾除，營養素幾乎只剩下澱粉。胚芽米則是稻穀經過脫殼處理，並將糠層碾除，保留胚芽，比白米多顆胚芽，所以也比白米多出較多的脂肪、蛋白質及膳食纖維。而糙米是只有將稻穀經過脫殼處理，所以比胚芽米多出一層糠層，有更多的脂肪、蛋白質、維生素 B、E 及纖維素、礦物質、膳食纖維。雖然糙米保留最多營養素，但是最難消化而且糠層也較容易引起過敏，所以建議 4～6 個月寶寶用胚芽米取代白米，但是要等 7 個月後再試糙米較佳。

小黃瓜泥／米糊

黃瓜裡含水分、膳食纖維、粗纖維、維生素A、C和鉀、鈣、鐵等營養成分，可促進食慾、調節消化系統、利尿，且黃瓜汁當水飲可驅暑，對牙齒、頭髮都有好處。

滿四、五個月寶寶 份量：約 200ml

這道菜有影片教學喔！

材料
小黃瓜泥材料：
小黃瓜 2 條

小黃瓜米糊材料：
小黃瓜 1 條
十倍粥 100ml

做法
1. 將小黃瓜仔細清洗後，去頭尾蒂頭，用削皮刀削除外皮，再橫切半。
2. 放入電鍋，外鍋加 1 杯半的水，蒸 20 分鐘。
3. 蒸好直接開蓋，避免小黃瓜繼續加熱被燜黃，取出直接打泥。有些寶寶覺得小黃瓜泥味道過於強烈，可以改成小黃瓜米糊，接受度就會提高。
4. 以此類推，大黃瓜、夏南瓜等瓜類都可以用此種烹調方法。
5. 密封後，冷藏保存 3 天，冷凍保存 2 週。

美味秘訣！

- 使用小黃瓜最擔心的就是農藥問題。市場上有機小黃瓜不一定買得到而且也不一定安心，但 4 個月的寶寶太小了，所以一定要跟著影片做小黃瓜泥，以避免將農藥吃下肚！

小松菜米糊

小松菜又稱為「日本油菜」，是日本養生界的必備良品，鈣含量更是蔬菜界的第一名。

這道菜有影片教學喔！

滿四、五個月寶寶　份量：約 200ml

材料
煮熟瀝乾小松菜 50g
十倍粥 150ml

做法
1. 小松菜取嫩葉，把葉子翻開仔細清洗。
2. 準備一鍋滾水，將菜葉用手撕成適當大小，放入滾水燙。冰磚派媽咪，水滾後燙 45～60 秒。現煮派媽咪，可以燙 60～75 秒。然後撈起瀝乾。
3. 把小松菜和十倍粥一起打泥。
4. 小松菜葉片較厚纖維較粗，所以比起一般葉菜類，要多煮 5～15 秒，並且一定要與粥一起打泥，才容易打成「泥狀」。
5. 密封後，冷藏保存 3 天，冷凍保存 1 到 2 週。

美味秘訣！
- 做法 3 加粥的用意是為了方便打泥，所以只要米粥的量足夠打泥，也可以不需要加到 150ml 這麼多。
- 做法 4 如果攪拌棒扭力不夠無法打成泥狀，建議要再用篩網過濾喔！

Part 3　副食品實戰篇｜第一階段：副食品初期（4～6個月）→小黃瓜泥／米糊、小松菜米糊

香甜滑順 玉米泥／米糊

玉米屬於五穀根莖類的一種。膳食纖維豐富，是白飯的 1.7 倍，護眼又保護神經，維生素是稻米、小麥的 5 至 10 倍，要注意的是發霉的玉米絕對不能食用。

滿四、五個月寶寶　份量：約 225ml

這道菜有影片教學喔！

材料
玉米 1 根
飲用水或十倍粥 150ml

電鍋外鍋：
1 杯水

做法
1. 玉米清洗過後，用小刀把果粒劃破，放入電鍋蒸，電鍋蒸好開關跳起後燜 10 分鐘再開蓋，取出玉米，先用筷子叉著，再用湯匙刮出玉米粒。
2. 把玉米粒和飲用水或十倍粥一起打泥。飲用水和玉米打泥會像果汁；十倍粥和玉米打泥則像米糊，有些人會覺得比較好餵，可以選擇適合自己的方法製作，再用篩網過濾一次，會更細緻。
3. 密封後，冷藏保存 3 天，冷凍保存 1 到 2 週。

美味秘訣！

- 玉米最怕農藥殘留，所以去除外表葉皮後再仔細清洗，如果仍有疑慮，建議用水煮法：冷水下玉米，水滾後計時約煮 7～9 分鐘，取出放涼，再用小刀劃開玉米果粒，用湯匙取玉米粒。
- 玉米筍是玉米果穗尚未發育完成，果粒硬化前，採幼嫩米穗供作蔬菜。

輕鬆去皮的 青椒泥米糊

甜椒是辣椒的變種，但是果實較大且辛辣味更淡。常見的有紅色、黃色和綠色，綠色的就是青椒，含有青椒素、維生素A、B、C、K及胡蘿蔔素等多種營養，具有促進消化、代謝脂肪、增強抵抗力、防止中暑等功效，適合夏天食用，尤其維生素C，是蔬菜中的第一名，適合不敢吃辣的人。

這道菜有影片教學喔！

滿四、五個月寶寶　份量：約 200ml

材料

電鍋內鍋：
去皮青椒 50g
十倍粥 150ml

電鍋外鍋：
1 杯水

做法

1. 青椒仔細清洗乾淨，削皮、切除蒂頭、去籽，切小塊後與十倍粥（白米 15g、飲用水 150ml）一起放入不鏽鋼內鍋中，外鍋加入 1 杯水，按下開關煮熟。
2. 電鍋跳起後燜 10 分鐘再開蓋，把材料打成泥狀即完成（適合忙碌的照顧者，一鍋煮比較方便，和十倍粥一起打泥可以降低辛辣味，寶寶的接受度也會較高）。如果擔心青椒營養流失過多，可改用瓦斯爐燒一鍋水，水滾後下青椒，煮 30～45 秒，再和十倍粥打成泥。
3. 密封後，冷藏保存 3 天，冷凍保存 1 到 2 週。

美味秘訣！

- 青椒也可改成黃椒、紅椒，製作方法相同。
- 雌性甜椒底部有四個凸塊，種子較多但也比較甜，適合生吃；雄性甜椒只有三的凸塊，較辣，適合炒熟來吃。

Part 3　副食品實戰篇─第一階段：副食品初期（4～6個月）→香甜滑順玉米泥／米糊、輕鬆去皮的青椒泥米糊

洋蔥泥米糊

洋蔥在歐美被喻為蔬菜皇后，營養和藥用價值甚高，不僅富含鉀、維生素 C、葉酸、鋅、硒，纖維質等營養素，更有兩種特殊的營養物質「槲皮素」和「前列腺素 A」，具有其他食物不可替代的健康功效。

滿四、五個月寶寶　份量：約 200ml

這道菜有影片教學喔！

材料
去皮洋蔥 50g
十倍粥 150ml

電鍋外鍋：
1 杯水

做法
1. 洋蔥去皮後切塊，與十倍粥（白米 15g、飲用水 150ml）一起放入不鏽鋼內鍋中，外鍋加入 1 杯水，按下開關煮熟。
2. 電鍋跳起後，把材料打成泥狀即完成。
3. 密封後，冷藏保存 3 天，冷凍保存 1 到 2 週。

美味秘訣！

- 通常做這道副食品時，K 力不會特別過冰水或汆燙去除洋蔥的辛辣味，一來要讓寶寶習慣這類食材（畢竟不可能每次煮洋蔥都要過水），二來是選對品種加粥一起製作洋蔥泥，就不必太擔心辛辣味，煮好的洋蔥泥帶有淡淡的甜味，寶寶很愛吃呢！
- 挑選洋蔥時可以選白色或黃色洋蔥，因為紫色洋蔥最辣，黃色適中，白色最甜。

神奇洋蔥水

感冒時來杯洋蔥水或洋蔥雞湯，因為洋蔥含有「大蒜素」，有很強的殺菌能力，能夠改善感冒症狀、增強抵抗力。因為寶寶年紀小通常無法一次吃大量洋蔥，所以製作洋蔥水讓寶寶飲用，比較能夠快速攝取。

滿四、五個月寶寶　份量：約 60ml

這道菜有影片教學喔！

材料
洋蔥 1 顆

電鍋外鍋
2 杯水

做法
1. 洋蔥去皮後切細碎小塊，直接放入蒸碗裡，蓋上鋁箔紙或蓋子，放入電鍋中，外鍋 2 杯水，按下開關蒸熟，電鍋開關跳起後燜 10 分鐘。
2. 把蒸好的洋蔥過濾，取出的水分就是洋蔥水。
3. 密封後，冷藏保存 5 天，冷凍保存 1 到 2 週。

美味秘訣！

- 1 顆洋蔥可製作約 60ml 洋蔥水，各階段的寶寶都可飲用。
- 挑選時要選擇外表完整、有實質重量、無腐爛、無異味，才是健康洋蔥。
- 剩下的洋蔥塊還是有很多營養所以不要浪費，可以做副食品、加入家常料理或湯品中都很合適。

Part 3　副食品實戰篇｜第一階段：副食品初期（4～6個月）→洋蔥泥米糊、神奇洋蔥水

黑木耳泥／米糊

黑木耳的水溶性纖維，能刺激腸道蠕動，幫助排便、預防便秘，可作為身體的清道夫。此外，含有多醣體，可增強人體免疫力；而維生素 B2 含量是米的 10 倍，比豬羊牛肉高出 3～5 倍。鐵質是肉類的 100 倍，鈣質是肉類的 30 倍以上。

滿四、五個月寶寶　份量：約 200ml

這道菜有影片教學喔！

材料
黑木耳 50g
飲用水 150ml

電鍋外鍋：
2 杯水

做法
1. 黑木耳切掉蒂頭，仔細清洗，切成細條狀後，放入不鏽鋼內鍋中，加入 150ml 飲用水，外鍋加入 2 杯水，按下開關。
2. 蒸熟後，打成泥狀。
3. 密封後，冷藏保存 3 天，冷凍保存 1 到 2 週。

美味秘訣！
- 有腹瀉狀況的寶寶，先不要食用黑木耳，以免增加腹瀉的情況。
- 通常寶寶很喜歡這樣的口感，若寶寶有拒食的情況，可再加點水稀釋，或改成黑木耳 20g 加十倍粥 180ml 打泥，降低木耳味道。
- 黑木耳也可以改為白木耳，做法相同。

不會變黑的蘋果泥

蘋果加熱後，內含的多酚類天然抗氧化物質含量會大幅增加，能降血糖血脂、抑制自由基而抗氧化；熟蘋果的果膠可以使糞便柔軟而易排出，因此也有減緩腹瀉的功用。經過高溫蒸煮過的蘋果不會氧化變黑，除了顏色很漂亮之外，更能降低過敏反應，因此很適合這階段的寶寶食用。

滿四、五個月寶寶　份量：約 200ml

Part 3 副食品實戰篇｜第一階段：副食品初期（4～6個月）→黑木耳泥／米糊、不會變黑的蘋果泥

這道菜有影片教學喔！

材料
蘋果果肉 200g

電鍋外鍋：
1 杯水

做法
1. 蘋果削皮、清洗、切掉果核取果肉。
2. 放入電鍋裡，外鍋加入 1 杯水蒸熟後，再用攪拌棒打成泥狀即可。
3. 密封後，冷藏保存 3 天，冷凍保存 1 到 2 週。

美味秘訣！

- 蘋果的表皮均有水蠟，進口時因海關檢驗，含蠟量及溶於水的時間均有嚴格規定，建議削皮後再吃。
- 有便秘狀況的寶寶，先不要吃果泥，喝煮好的蘋果水就好。反之，有腹瀉情況的寶寶，吃果泥可以稍微紓緩腹瀉的情況。
- 蘋果也能改用桃子、李子、水蜜桃等水果，做法相同。

預防便秘的 黑棗泥

加州梅除了高纖、高抗氧化功效外，還有預防、逆轉骨質疏鬆功效。當寶寶排便不順時可煮些黑棗泥給寶寶吃，可幫助寶寶順利排便。

滿四、五個月寶寶　份量：約 120ml

這道菜有影片教學喔！

材料
黑棗（加州梅）4 顆
飲用水 100ml

電鍋外鍋：
1 杯水

做法
1. 黑棗去籽切塊，加入飲用水 100ml，一起放入電鍋或副食品調理機蒸熟。
2. 把蒸好的黑棗打成細緻的泥狀即可。
3. 密封後，冷藏保存 3 天，冷凍保存 1 到 2 週。

美味秘訣！

- 感覺寶寶用力擠便便，卻擠不出來，甚至擠到會痛，出現哭鬧、生氣、煩躁以及情緒不安，且肚子鼓鼓的、小腹硬硬的，便便次數比平時還少，大出來的便便乾硬，像羊便便小小顆，副食品食量減少，食慾不佳時，就有可能是「便秘」了，這時就要多攝取水、油、含纖維質的蔬果，幫助寶寶排便，平常也可以做黑棗泥給寶寶吃，有預防便秘的功效，各階段的寶寶都適合食用。

豆芽菜米糊

豆子在發芽的過程中，有些營養素如維生素 C 會增加，而且部分蛋白質也會分解成人們所需的胺基酸，因此用豆芽菜做副食品，營養更加豐富。

滿四、五個月寶寶　份量：約 280ml

材料
豆芽菜 40g
十倍粥 240ml

做法
1. 豆芽菜拔除根鬚，仔細清洗乾淨。
2. 準備一鍋滾水，把豆芽菜放入滾水燙。冰磚派媽咪，水滾後燙 30 秒就好；現煮派媽咪，可以燙 45～60 秒，然後撈起瀝乾。
3. 把豆芽菜和十倍粥一起打泥。
4. 密封後，冷藏保存 3 天，冷凍保存 1 到 2 週。

美味秘訣！

- 有些攪拌棒無法將豆芽菜打成均勻泥狀，只要再用篩網過濾一次就好，寶寶吃泥狀副食品的時間只有 2、3 個月，不用急著換新攪拌棒。
- 一般市面上常見的豆芽菜，通常是黃豆、綠豆所發出的芽。除此之外，還有黑豆、豌豆、米豆等。但有些白白嫩嫩、看來直挺挺很有精神的豆芽菜，有可能是經過漂白，或添加化學藥劑使其成長加速，吃多了對人體有害，因此可以選擇自行種植、或有機豆芽給寶寶吃，才夠安全。

Part 3 副食品實戰篇｜第二階段：副食品初期（4～6個月）→預防便秘的黑棗泥、豆芽菜米糊

雪白菇米糊

雪白菇富含非水溶性纖維（粗纖維），讓纖維吸水膨脹，可增加糞便的體積，加速排便的效率；而其所含的多醣體在營養學上也有維持免疫力的功效，很適合肉肉寶寶吃喔！

滿四、五個月寶寶　份量：約 300ml

材料
雪白菇 50g
十倍粥 250ml

電鍋外鍋：
1 杯水

做法
1. 雪白菇從包裝拿出後，切下蒂頭，略微沖洗，然後加入 250ml 十倍粥，放入電鍋一起蒸煮後打成泥狀。
2. 如果不用電鍋，想用水煮法的媽咪，可以先準備好十倍粥，再用另一鍋，水滾後放入雪白菇煮 2 分鐘，撈起瀝乾，將所有材料打成泥狀。
3. 密封後，冷藏保存 3 天，冷凍保存 1 週。

美味秘訣！
- 雪白菇生長環境幾乎是採無菌種植，所以非常乾淨，只要切除蒂頭略微清洗掉泥土就好，非常適合寶寶食用。

白蘿蔔米糊

台灣冬季盛產的白蘿蔔特別香甜，水分足夠、營養又豐富，可以趁著產季多攝取，用來製作副食品，非常適合。

滿四、五個月寶寶　份量：約 260ml

材料
白蘿蔔 60g
十倍粥 200ml

電鍋外鍋：
1 杯水

做法
1. 削去白蘿蔔外層的厚皮，洗淨、切成適當大小。
2. 白蘿蔔和十倍粥可以一起放入電鍋蒸熟，再打成泥，更節省副食品的製作時間。
3. 分裝密封後，冷藏保存 3 天，冷凍保存 1 到 2 週。

美味秘訣！
- 白蘿蔔的外皮較厚，外圈那層會有苦味，所以要用削皮刀削掉兩層。

地瓜米糊

地瓜又稱為甘藷，屬於根莖類植物，是非常熱門的保健食材。含蛋白質、纖維質、脂肪、糖類纖維素、鈣、鈉、磷、鐵、胡蘿蔔素等。

滿四、五個月寶寶　份量：約 230ml

材料
地瓜 30g
十倍粥 200ml

電鍋外鍋：
1 杯水

做法
1. 地瓜削皮、洗淨、切成適當大小。
2. 地瓜和十倍粥一起次放入電鍋蒸熟，再打成泥。
3. 或者可直接將削皮的地瓜切片蒸熟，冷凍，要吃時拿需要的量加熱（蒸熟或微波），再用叉匙壓成泥狀拌進副食品內。
4. 密封後，冷藏保存 3 天，冷凍保存 1 到 2 週。

美味秘訣！

- 用十倍粥和地瓜一起打的米糊，加熱後若寶寶仍覺得黏稠不想吃，就加點水和稀再試餵看看。
- 地瓜單吃比較甜也容易脹氣，因此和十倍粥一起打泥，就可以降低甜味，寶寶之後也不會拒吃其它葉菜類米糊。
- 除了地瓜之外，山藥也是很值得試的食材喔！做法相同。

火龍果米糊

火龍果含有維生素 B、C 與膳食纖維、鉀與果膠，可幫助腸胃蠕動，具潤腸通便功效。白肉火龍果膳食纖維較多，而紅肉火龍果則含有甜菜紅素，有抗氧化功效，兩種都可以讓寶寶嘗試。

滿四、五個月寶寶　份量：約 300ml

材料
火龍果 100g
十倍粥 200ml

做法
1. 火龍果剝除外皮、切塊，放入滾水汆燙 15 秒後瀝乾，和微溫的十倍粥一起打成泥。
2. 或直接將火龍果削皮切片冷凍，要吃時拿需要的量，用叉匙壓成泥狀，再用篩網過濾，直接吃或者拌進副食品內食用。
3. 密封後，冷藏保存 3 天，冷凍保存 1 到 2 週。

美味秘訣！
- 寶寶如果出現便秘的現象時，可以試試看這道副食品，可以有效減緩便秘情形。
- 也可以選用紅肉的果龍果，做法相同。

6個月寶寶的食譜

香蕉花椰菜米糊

香蕉含有維生素A、C及鉀和纖維質，有安定情緒、幫助排便的功效。綠花椰菜的維生素C含量是檸檬的二倍，豐富的鈣質與纖維更能防止骨質疏鬆、對抗便秘與糖尿病，當中的蘿蔔硫素，還能預防癌細胞生長，是非常好的副食品食材。

滿六個月寶寶　份量：約 500ml

這道菜有影片教學喔！

材料
白米 30g
飲用水 300ml
煮熟花椰菜 100g
中型香蕉 1 根

電鍋外鍋：
1 杯水

做法
1. 白米洗淨放不鏽鋼鍋裡，香蕉放盤上再放在不鏽鋼鍋上，一起放入電鍋中蒸煮熟。
2. 花椰菜洗淨，切成適當大小，去除莖梗上較硬的皮，放入滾水中燙約 45 秒後，取出泡在冰水裡殺青 30 秒，保持翠綠外表，再取出瀝乾。
3. 香蕉和 1／3 的粥一起打泥；花椰菜和 2／3 的粥一起打泥。兩者可以混著一起吃，也可以分開吃。
4. 密封後，冷藏保存 3 天，冷凍保存 1 到 2 週。

美味秘訣！

- 很多父母喜歡把香蕉作為寶寶的第一口水果，因為好處理又好餵食；但是很多人不知道，香蕉屬「寒性」，且含鉀量偏高，吃多容易腹瀉，不過，只要多了「蒸」這個步驟，就可以把寒性香蕉變成中性。

鳳梨甜菜根米糊

甜菜根含有纖維質，能促進腸道蠕動，預防便秘；而維生素B12及鐵質，則是最佳的天然補血食材。鳳梨含有膳食纖維、維生素 B1、C 及有機酸、類胡蘿蔔素、鉀等；還含有蛋白酶可以分解蛋白質，能幫助人體對蛋白質的吸收和消化。

滿六個月寶寶　份量：約 450ml

這道菜有影片教學喔！

材料
鳳梨 100g
甜菜根 50g
生米 30g
水 300ml

電鍋外鍋：
1 杯水

做法
1. 甜菜根削皮、切塊、清洗；鳳梨削皮、切塊，這兩種材料放在盤子上，再將盤子放在裝有洗淨生米與水的不鏽鋼鍋上，一起放入電鍋蒸煮熟。
2. 甜菜根與 1／2 粥一起打泥，鳳梨與 1／2 粥一起打泥。兩者可以分開吃，也能混和一起吃。
3. 密封後，冷藏保存 3 天，冷凍保存 1 到 2 週。

美味秘訣！
- 甜菜根有特殊的土味，許多人的接受度不高，K力將西餐常用的甜點組合之一「鳳梨＋甜菜根」做成副食品，不但巧妙地蓋住土味，還能引出甜菜根淡淡的特殊滋味，還帶著鳳梨的鮮甜，讓寶寶的接受度更高。

秋葵櫛瓜泥

秋葵除了豐富的膳食纖維、維生素A、C及鈣、鎂、磷等等微量元素之外，它的黏液可以附著在胃黏膜上保護胃壁、增進食慾，且其鈣含量比起等重的牛奶毫不遜色，且易吸收。想幫寶寶補充鈣質和纖維質，可以選擇這道食物泥，不僅好吃而且又營養。

滿六個月寶寶 份量：約 250ml

這道菜有影片教學喔！

材料
秋葵 100g
櫛瓜 100g
飲用水 50ml

做法
1. 用流動水沖洗秋葵表面髒汙，仔細搓洗、瀝乾水分，再用削皮刀斜削切除蒂頭，以減少營養黏液的流失；櫛瓜清洗乾淨後，去頭尾蒂頭，切成 1 公分左右厚度。
2. 煮一鍋滾水，放入櫛瓜和秋葵，煮 3 分鐘，撈起瀝乾，再加 50ml 飲用水一起打泥。
3. 密封後，冷藏保存 3 天，冷凍保存 1 到 2 週。

美味秘訣！

- 每年 5 到 9 月是秋葵的主要產季，給寶寶吃的秋葵選越小越好，因為越小越嫩。選擇脊上有毛、表面要飽滿鮮艷，如果顏色發暗或發乾則較老。

芭樂馬鈴薯泥

用根莖類的馬鈴薯來取代白米，讓這道料理有點飽足感又略帶微甜清香滋味，還可改善寶寶消化與便稀狀況，當做點心來吃，寶寶通常都會很喜歡。

滿六個月寶寶　份量：約 200ml

這道菜有影片教學喔！

材料
芭樂 80g
馬鈴薯 50g
飲用水 50~100ml

電鍋外鍋：
半杯水

做法
1. 馬鈴薯洗淨、削皮切大塊；芭樂洗淨切塊，挖掉芭樂種籽，因為偏硬，所以需要去除，以保護寶寶尚未成熟的腸胃。
2. 把材料放進電鍋裡，外鍋加半杯水，蒸熟，再加 50~100ml 飲用水，打泥。
3. 密封後，冷藏保存 3 天，冷凍保存 2 週。

美味秘訣！

- 選購芭樂時，以翠綠色的中型果、外型為圓或梨形，表皮上有珠粒狀突出，外表無損撞傷為佳。
- 一般芭樂因無封套保存，所以 2～3 天便會催熟軟化，若想延長芭樂的保存期，購買後可沾水用塑膠套裝妥，存放冰箱冷藏，即可延長鮮度和果肉爽脆的時間。

Part 3　副食品實戰篇　第一階段：副食品初期（4～6個月）→秋葵櫛瓜泥、芭樂馬鈴薯泥

快速一週副食品

部分寶寶六個月後食量開始變大了，K 力推薦這時媽媽可以考慮開始製作量稍多的快速一週副食品，以週為單位來準備副食品，不僅可以快速變化菜色，也可以節省準備的時間。K 力第一週示範的快速煮一週副食品，有兩種新食材（毛豆和番茄）與兩種吃過的食材（高麗菜和花椰菜），這四種任選搭配度都不錯，可以搭配出十二種變化，天天換口味，寶貝也不易吃膩抗拒。

四種冰磚食材的變化

新食材 毛豆 + 番茄 ＋ 舊食材 高麗菜 + 花椰菜

變化成十二種菜色

番茄米糊／番茄高麗菜米糊／番茄毛豆高麗菜米糊／番茄毛豆花椰菜米糊／番茄高麗菜花椰菜米糊／番茄毛豆高麗菜花椰菜米糊／毛豆米糊／毛豆高麗菜米糊／毛豆花椰菜米糊／毛豆高麗菜花椰菜米糊／毛豆番茄高麗菜花椰菜米糊／毛豆番茄花椰菜米糊／毛豆番茄高麗菜米糊

加熱冰磚小技巧

把冰磚稍微分開但放在同個碗中一同加熱，餵食的時候，每一邊輪流餵個幾口，寶寶可以吃到不同口味的副食品，最後還可以吃到混和版，這方法可以保持寶寶對副食品的期待和新鮮感，也可以藉此讓寶寶多吃點「不喜歡」的食材。

打泥小技巧

使用攪拌棒時，舊食材可以混到新食材，但是新食材絕對不能混到舊食材，如果是新食材，最好用完清洗後，再打下一種，這樣一來即使寶貝發生過敏現象，也不需要整鍋倒掉，造成浪費。

毛豆番茄米糊

小番茄富含茄紅素、鐵質,維生素A、C以及膳食纖維,可保護眼睛、提高免疫系統。毛豆的蛋白質、脂質、維生素、礦物質、醣類及有益消化的食物纖維含量非常豐富,其營養值遠高於澱粉類或蔬菜類食物,有「植物肉」的美稱。

快速一週副食品 份量:約 920ml

材料
小番茄 60g
毛豆 60g
花椰菜 70g
高麗菜 70g
生米 60g
乾淨飲用水 600ml

電鍋外鍋:
1 杯水

做法
1. 小番茄洗淨,底部畫十字;毛豆洗淨;花椰菜、高麗菜洗淨切適當大小。
2. 把番茄和毛豆各別分開放同一蒸盤上(不混和,這樣發生過敏時才能清楚過敏食材來源)。不鏽鋼盆放入生米、水、花椰菜、高麗菜(都嘗試過、確認不會過敏後,就可以放入一起煮),蒸盤放在不鏽鋼盆上,一起放入電鍋,外鍋加1杯水,按下開關,把食物煮熟。
3. 將不鏽鋼盆內的所有食材及蒸盤上的二種食材,分別打成泥。
4. 食材密封後,冷藏保存3天,冷凍保存1到2週。

美味秘訣!
- 番茄加熱後,茄紅素會更容易被人體吸收。
- 擔心花椰菜蒸過會變黃的問題,可以用「燙完殺青」的方法來處理。

Part 3 副食品實戰篇|第一階段:副食品初期(4〜6個月)→毛豆番茄米糊

南瓜大白菜十倍粥

南瓜含有豐富的維生素 A、B、C 及礦物質、磷、鈣、鎂、鋅等微量元素，而且皮肉可食，味甜肉厚。大白菜養顏美容、清熱退火、預防感冒，可以促進腸胃蠕動，幫助體內消化及排毒。結合兩種香甜食材，寶寶的接受度很高。

快速一週副食品　份量：約 1000ml

這道菜有影片教學喔！

材料
南瓜 100g
大白菜 100g
洋蔥 40g
玉米筍 40g
小白菜 40g
黑木耳 20g
生米 60g
乾淨飲用水 600ml

電鍋外鍋：
1 杯水

做法
1. 南瓜削皮、去種籽、切片狀；大白菜洗淨、切段；洋蔥去皮、切塊；玉米筍洗淨、切小塊；黑木耳切小塊；小白菜燙熟後撈起泡冰水殺青，再瀝乾。
2. 不鏽鋼鍋放入洋蔥、玉米筍、黑木耳、生米、水 600ml，上面放盤子盛放南瓜和大白菜，一起放入電鍋蒸熟。
3. 將不鏽鋼盆內的所有食材及蒸盤上的二種食材，個別打成泥。密封後，冷藏保存 3 天，冷凍保存 1 到 2 週。

美味秘訣！
- 這一週的新食材是南瓜和大白菜，各少量嘗試 3 到 4 天，確認不會過敏後就可以換下一種。
- 若覺得吃南瓜粥或大白菜粥太單調，還可加入之前吃過的洋蔥、玉米、小白菜和黑木耳一起煮，食材個別打泥，十倍粥一半打泥一半不打泥，這樣每一天都能有新搭配，寶寶也不容易膩。
- 選購南瓜時以形狀完整、瓜皮有油亮的斑紋、無蟲害為佳。

紅蘿蔔紅杏菜金針菇十倍粥

金針菇含有人體必需胺基酸，對兒童的身高和智力發育有良好的作用。紅杏菜就是紅莧菜，是很好的補血蔬菜。胡蘿蔔的β胡蘿蔔素能在人體內轉化為維生素A，可保持皮膚的光滑。

快速一週副食品　份量：約 970ml

這道菜有影片教學喔！

材料
紅蘿蔔 70g
紅杏菜 60g
金針菇 70g
生米 70g
乾淨飲用水 700ml

電鍋外鍋
2 杯水

做法
1. 紅蘿蔔削皮、清洗、切片；金針菇去蒂頭再切半。
2. 紅蘿蔔、金針放在蒸盤上；不鏽鋼盆放入生米、水，再把蒸盤放在不鏽鋼鍋上，一起放入電鍋蒸煮熟。
3. 紅杏菜洗乾淨、選嫩葉，放入滾水中汆燙 10～15 秒。
4. 把各種食材個別加十倍粥打成泥；剩下的十倍粥一半打泥一半不打泥，保留一些顆粒及些許口感。密封後，冷藏保存 3 天，冷凍保存 1 到 2 週。

美味秘訣！
- 新、舊食材不要混放，不然如果寶寶發生過敏，那麼整鍋食材就要丟掉會很可惜。

Part 3　副食品實戰篇｜第一階段：副食品初期（4～6個月）→南瓜大白菜十倍粥、紅蘿蔔紅杏菜金針菇十倍粥

冬瓜枸杞葉八倍粥

冬瓜與枸杞葉都是夏天盛產的食材，經濟實惠又營養。冬瓜富含維生素C，養顏美容又可以預防感冒；枸杞葉是我們常見紅色枸杞果實，枸杞樹上的嫩葉，具有清熱明目，治療體質虛寒，增強抵抗力的作用。

快速一週副食品　份量：約 1000ml

這道菜有影片教學喔！

材料
冬瓜 100g
乾燥昆布 5g（可省略）
紅蘿蔔 50g
洋蔥 50g
生米 70g
乾淨飲用水 560ml
枸杞葉 50g

電鍋外鍋：
1 杯水

做法
1. 冬瓜和枸杞葉清洗乾淨後，枸杞葉用滾水燙 5 秒後取出瀝乾；冬瓜削皮、去籽、切塊。
2. 冬瓜與洋蔥、紅蘿蔔放在蒸盤上，不鏽鋼鍋裡放生米、水 560ml，再把蒸盤放在不鏽鋼鍋上，一起放入電鍋蒸煮熟。
3. 將不鏽鋼盆內的食材及蒸盤上的二種食材，個別打成泥。
4. 密封後，冷藏保存 3 天，冷凍保存 1 到 2 週。

美味秘訣！

- 選擇食材不需特意只追求「有機」，如果能選擇「當地當季」的食材會更好，風味與營養會更多。冬瓜可以改櫛瓜或大黃瓜，枸杞葉可改菠菜或地瓜葉。
- 影片裡用十倍粥（生米 70g、乾淨飲用水 700ml）做料理，如果寶寶進度快，可直接改成八倍粥（生米 70g、乾淨飲用水 560ml）

豆腐花椰菜八倍粥

豆腐含有豐富大豆蛋白，不含膽固醇和脂肪，有助預防心血管疾病；而維生素 E 可以防衰老；大豆卵磷脂，對於神經、血管及大腦的生長發育有益，加以鈣含量豐富，有助孩子的成長發育。

快速一週副食品　份量：約 200ml

材料
豆腐 10g
花椰菜 10g
生米 20g
乾淨飲用水 160ml

電鍋外鍋：
1 杯水

做法
1. 花椰菜很容易藏幼蟲，清洗乾淨後切成適當大小，用滾水燙 45～60 秒，燙熟再撈起瀝乾切碎。
2. 豆腐稍微用水清洗後，放入滾水中燙 10 秒，撈起瀝乾。
3. 生米略微搓洗 2、3 次後，加入 160ml 水，用電鍋煮八倍粥，電鍋跳起後，燜 10 分鐘再打開。
4. 花椰菜和豆腐一起拌入八倍粥，即可食用。
5. 倒入冰磚盒保存，冷藏保存 3 天，冷凍可保存 1 週。

美味秘訣！
- 吃的時候，把冰磚取出倒入碗中，微波加熱約 30～60 秒，電鍋加熱外鍋放半杯水，跳起後確定溫度放至微溫，再給寶寶吃。

副食品實戰篇「第一階段：副食品初期（4～6個月）」→冬瓜枸杞葉八倍粥、豆腐花椰菜八倍粥

開始吃肉了！
含肉蛋白副食品

鱸魚二吃

鱸魚肉質細緻蛋白質又豐富，很適合寶寶，魚皮又有豐富的膠質，魚骨更含有鋅、鎂、鈣等礦物質，所以適合用來給需要補充元氣、快速成長的孩子食用。

含肉蛋白副食品　份量：約1週

這道菜有影片教學喔！

材料
鱸魚1尾
洋蔥1／4顆
乾淨飲用水適量

做法
1. 新鮮的鱸魚去內臟、去鱗後，取出魚片，再分離魚肉和魚皮，將魚肉切成適當大小，冷凍保存。
2. 另外準備一湯鍋，放入魚骨、魚皮、洋蔥、適量冷飲用水，開大火煮滾後，撈起浮在表面的雜渣，再轉小火熬20分鐘，鮮甜的高湯就完成囉！
3. 冷凍的生鱸魚片，要吃的時候，直接取出冰磚然後放電鍋蒸熟。再用叉子或棒子壓碎或搗成泥，就可拌入副食品囉！
4. 生魚片冷凍保存期限為1週。魚湯冷凍保存期限為2週。

美味秘訣！

- 海鮮如果用二次加熱，容易產生腥味，會讓寶寶厭惡，但如果是一次加熱（生魚片直接蒸熟再給寶寶吃），則鮮甜又有點鹹味，通常寶寶都會很喜歡！只要學會取魚片這個技巧，不但可以將整隻魚發揮得淋漓盡致，也可以讓寶寶吃到更多種魚類呢！
- 如果買不到鱸魚，也可以找體型相等的魚類替代，或者直接用鯛魚片、鮭魚片替代。

魩仔魚甜豆八倍粥

甜豆富含膳食纖維及維生素 A、B 及 C，可以促進腸道蠕動，降低血中膽固醇。魩仔魚脂鈣質豐富，而且還含有維生素 A、C 與鈉、磷、鉀等營養素，加上不含刺，容易料理，是副食品中常見的食材。

含肉蛋白副食品　份量：約 205ml

材料
魩仔魚 10g
甜豆 15g
生米 20g
乾淨飲用水 160ml

電鍋外鍋：
1 杯水

做法
1. 甜豆從尾端拉起撕除粗絲，並去除蒂頭，再放入滾水中汆燙 60 秒，撈起瀝乾後切碎。
2. 魩仔魚清洗乾淨，放入滾水中煮 30 秒後，再撈起切碎。
3. 生米略微搓洗 2、3 次後，加入 160ml 水，用電鍋煮八倍粥，電鍋跳起後，燜 10 分鐘再打開。
4. 魩仔魚和甜豆一起拌入八倍粥，即可食用。可以倒入冰磚盒保存。冷藏保存 2 天，冷凍可保存 1 週。

美味秘訣！
- 吃的時候，把冰磚取出倒入碗中，微波加熱約 30～60 秒，電鍋加熱外鍋放半杯水，跳起後確定溫度放至微溫，再給寶寶吃。

Part 3　副食品實戰篇｜第二階段 副食品初期（4～6個月）→ 鱸魚二吃、魩仔魚甜豆八倍粥

113

鯛魚胡蘿蔔白花菜八倍粥

鯛魚含高蛋白及豐富的菸鹼酸，有助於維持神經系統和大腦的功能，也能消除疲勞、促進血液循環。胡蘿蔔含 β-胡蘿蔔素、膳食纖維、蛋白質、維生素 B、C 與礦物質如鈣、磷、鐵、鉀、鈉等元素，與油脂一起共煮，更能溶出豐富的營養素。

含肉蛋白副食品　份量：約 330ml

材料
鯛魚 30g
胡蘿蔔 10g
白花菜 20g
生米 30g
乾淨飲用水 240ml

電鍋外鍋：
1 杯水

做法
1. 鯛魚清洗後切塊；胡蘿蔔削皮切片；白花菜洗後切成適當大小，放入滾水中煮 90～120 秒煮熟，撈起瀝乾再切碎。
2. 或者把鯛魚、胡蘿蔔、白花菜放入盤中，與不鏽鋼鍋中的八倍粥一起放入電鍋中，一起蒸熟。
3. 電鍋跳起後，燜 10 分鐘再打開。鯛魚、胡蘿蔔、白花菜一起用調理機／棒打泥，再拌入倍粥內即可食用。倒入冰磚盒保存，冷藏保存 2 天，冷凍可保存 1 週。

美味秘訣！
- 吃的時候，把冰磚取出倒入碗中，微波加熱約 30～60 秒，電鍋加熱外鍋放半杯水，跳起後確定溫度放至微溫，再給寶寶吃。

雞肉泥

雞肉含有蛋白質、醣類、維生素 A、B 及鈣、磷、鐵、銅等營養素。因為有優質的蛋白質且脂肪含量少,有增強體力的功效,選擇去骨的雞肉,也非常容易料理。

這道菜有影片教學喔!

含肉蛋白副食品　份量:約 1 週

材料
雞里肌 200g

做法
1. 雞里肌切塊狀後,再用切碎盒攪碎,開關按一下停一下,才不會讓機器過熱。完成的肉泥分裝密封後,冷藏保存 1 天,冷凍保存 1 週。
2. 加熱時需要「打水」,就是雞肉泥解凍後,1 份雞肉加入 1.5 倍的水,用叉子混合均勻,再放入倍粥煮滾煮熟(食譜示範為七倍粥)。

美味秘訣!

- 雞肉二次加熱吃起來就會柴柴、沙沙的,寶寶接受度會比較低,這裡用一次加熱,讓雞肉保持軟嫩的口感與香氣,不需要額外添加太白粉或玉米粉,寶寶也會很喜歡喔!
- 通常如果買來的肉品有點血水(解凍肉有時會有這情形),那 K 力會用流動水稍沖洗(沖下來的髒水盡量直接流進排水孔);如果肉品很乾淨,就不需清洗,最重要的是,肉類一定要煮至全熟再給寶寶吃。

Part 3　副食品實戰篇　第一階段:副食品初期(4～6 個月)→鯛魚胡蘿蔔白花菜八倍粥、雞肉泥

雞肉蘑菇八倍粥

蘑菇富含膳食纖維、多醣體與蛋白質，搭配雞肉一起做成副食品，具有促進排便的功效，排便不順的寶寶可多食用。

含肉蛋白副食品　份量：約 205ml

材料
雞里肌 10g
蘑菇 15g
生米 20g
乾淨飲用水 160ml

電鍋外鍋：
1 杯水

做法
1. 雞里肌切條；蘑菇傘內很容易藏泥土，要快速沖洗乾淨、切半，再分別用滾水燙熟。
2. 另一較方便的做法，是將雞里肌與蘑菇一起放入電鍋中，八倍粥在下層，雞里肌與蘑菇放上層，一起蒸熟。電鍋跳起後，燜 10 分鐘再打開。
3. 雞里肌與蘑菇一起用調理機／棒打泥，如果太少，可以加點八倍粥幫助打泥，再拌入倍粥內即可食用。
4. 雞肉蘑菇泥、八倍粥可以倒入冰磚盒保存。冷藏保存 2 天，冷凍可保存 1 週。

美味秘訣！

- 吃的時候，把冰磚取出倒入碗中，微波加熱約 30～60 秒，電鍋加熱外鍋放半杯水，跳起後確定溫度放至微溫，再給寶寶吃。

豬肉泥

豬肉含有蛋白質、鈉、銅、鋅、維生素B、菸鹼酸、鐵、鈣、磷、鉀等營養素。用來搭配各式副食品食材都非常好入口。

含肉蛋白副食品 份量：約1週

這道菜有影片教學喔！

Part 3 副食品實戰篇｜第一階段：副食品初期（4～6個月）→雞肉蘑菇八倍粥、豬肉泥

材料
豬里肌（腰內肉）200g

做法
1. 豬肉切塊狀後，再用切碎盒攪碎，開關按一下停一下，才不會讓機器過熱。完成的肉泥分裝密封後，冷藏保存1天，冷凍保存1週
2. 豬肉解凍後打水，1份豬肉加入2倍的水，用叉子混合均勻，再放入倍粥煮滾煮熟（食譜示範為七倍粥）。

美味秘訣！

- 小里肌就是俗稱的腰內肉，是豬肉最嫩且脂肪最少的部位，適合初試豬肉的寶寶作為副食品。
- 豬肉比雞肉的口感微粗一些，所以需要多攪拌幾次，打水時也要用2倍水量拌勻，煮出來的豬肉粥就會變得更香濃細緻。
- 雖然豬絞肉取得便利，但因為是由各部位的豬碎肉組成，曝露於空氣中過久，容易滋生細菌；且攪拌機的機器清洗乾淨與否無法掌握，再則是油脂過多，常過於油膩較不適合7個月寶寶的腸胃系統，故不推薦。

豬肉嫩筍青江菜八倍粥

竹筍含有蛋白質、脂肪、醣類、鈣、磷、維生素 B2、菸鹼酸等營養素，有高蛋白、低脂肪、低澱粉、多纖維的特點。青江菜屬於十字花科蔬菜，含鈣量高，也有豐富的維生素 C、β-胡蘿蔔素與葉酸，另外硫化物也是抗氧化的好幫手。

含肉蛋白副食品　份量：約 320ml

材料
豬里肌 20g
竹筍 20g
青江菜 10g
生米 30g
乾淨飲用水 240ml

電鍋外鍋：
1 杯水

做法
1. 豬肉切條，燙熟；竹筍去除外皮後，取頂端的嫩筍；青江菜清洗乾淨，用滾水燙 30～45 秒至熟。
2. 將竹筍盛入盤中，不鏽鋼鍋內放入八倍粥材料，一起放入電鍋中蒸熟。電鍋跳起後，燜 10 分鐘再打開。
3. 豬肉、竹筍與青江菜一起用調理機／棒打泥，如果沒有機器，用菜刀切極碎，再拌入倍粥內即可食用。
4. 倒入冰磚盒保存。冷藏保存 2 天，冷凍可保存 1 週。

美味秘訣！
● 吃的時候，把冰磚取出倒入碗中，微波加熱約 30～60 秒，電鍋加熱外鍋放半杯水，跳起後確定溫度放至微溫，再給寶寶吃。

牛肉泥

牛肉有蛋白質、脂肪、維生素 A、B 與鐵、鋅、鈣、胺基酸等。可以預防貧血，也是生長發育時所需；而牛菲力這個部位的油脂含量低，沒有過多難嚼的筋肉，因此很適合寶寶。

這道菜有影片教學喔！

含肉蛋白副食品　份量：約 1 週

材料
牛菲力 100g

做法
1. 牛肉切塊狀後，再用切碎盒攪碎。完成的肉泥分裝密封後，冷藏保存 1 天，冷凍保存 1 週。
2. 要吃的時候，將牛肉泥解凍後，1 份牛肉加入 1～1.5 倍的水，用叉子混合均勻，再放入倍粥煮滾煮熟（食譜示範為七倍粥）。

美味秘訣！

- 味覺敏感的孩子，不喜歡二次加熱的肉品，因為肉會被煮得過老，而且口感不佳，因此可以試直接用生肉煮牛肉粥的方法，寶寶通常都會很愛喔！
- 雖然牛絞肉取得便利但不推薦直接使用；且國內的牛肉來源主要來自於美國和澳洲，運送時間長也容易助長細菌滋生。
- 當孩子咀嚼能力更佳後，也能用其它部位製作，如牛腱或沙朗，只要因應月齡切成適當大小即可。注意：用生肉煮牛肉粥一定要煮熟。

Part 3　副食品實戰篇｜第一階段：副食品初期（4～6個月）→豬肉嫩筍青江菜八倍粥、牛肉泥

牛肉梨子八倍粥

水梨含有醣類、膳食纖維、鉀、維生素B、C以及果膠等營養素，和牛肉一起製作成副食品，也有促進排便補充鐵質的功效，同時也能增加食品的口感。

含肉蛋白副食品 份量：約 350ml

材料
牛菲力 30g
梨子 40g
生米 30g
乾淨飲用水 240ml

電鍋外鍋：
1 杯水

做法
1. 牛菲力切條、梨子削皮切塊，分別用滾水燙熟。
2. 或將牛菲力與梨子一起放入電鍋中，八倍粥在下層，牛菲力與梨子放上層，一起蒸熟。電鍋跳起後，燜10分鐘再打開。牛肉與梨子一起用調理機／棒打泥，再拌入倍粥內即可食用。
3. 牛菲力梨子泥、八倍粥可以混和後，一起倒入冰磚盒保存。冷藏保存 2 天，冷凍可保存 1 週。

美味秘訣！

- 吃的時候，把冰磚取出倒入碗中，微波加熱約 30～60 秒，電鍋加熱外鍋放半杯水，跳起後確定溫度放至微溫，再給寶寶吃。
- 不同食器適用的方法不同，要確定寶寶的碗適用哪種方法再加熱以免危險。

Q溜白木耳梨子泥

寶寶若有食慾不振、或是便秘的現象時，可以嘗試這道帶點天然甜味又有豐富纖維質的甜品，可以有效緩解便秘現象。

滿六個月寶寶 份量：約 230ml

材料
泡軟的白木耳 30g
梨子 100g
飲用水 100ml

電鍋外鍋：
1 杯水

做法
1. 將乾燥的白木耳泡冷飲用水 30 分鐘，泡發泡軟，取出瀝乾，去除較硬的蒂頭後切塊。也可以直接使用新鮮白木耳切塊使用。
2. 梨子削皮去核切塊，加入白木耳與冷飲用水 100ml，放入電鍋中，外鍋 1 杯水蒸熟。
3. 電鍋開關跳起後拔掉電源，開蓋放置微溫後用調理機／棒打成泥狀即完成。
4. 分裝密封，冷藏可保存 1 天，冷凍保存 1 到 2 週。

寶寶的健康點心

無油地瓜薯條

一般的地瓜,只要多了一道手續,就可以輕鬆做出像薯條一樣的手指食物,方便讓寶寶自行握著吃喔!

寶寶的健康點心　份量:約 1 餐

材料
地瓜 100g
熟芝麻粒少許

電鍋外鍋:
1 杯水

做法
1 把地瓜洗淨削皮,放進電鍋裡蒸熟。
2 再把蒸熟的地瓜,切成條狀,放進預熱 160 度 C 的烤箱,烤 10 分鐘。要注意地瓜條的上色情形,並適時翻面。
3 烤好的地瓜條,撒上少許芝麻,完成。
4 冷藏保存 5 天,冷凍保存 1 個月。

馬鈴薯可樂球

有些寶寶不喜歡吃粥，這時可以嘗試這道馬鈴薯可樂球，讓孩子自己拿、自己吃，好玩又有增加食慾的功能喔！

寶寶的健康點心　份量：約 7 顆

材料
馬鈴薯 100g
洋蔥碎 10g
豬絞肉 15g
蘑菇碎 5g
寶寶起司適量
烹飪油適量
麵粉適量

做法

1. 馬鈴薯削皮切塊，蒸熟壓成泥狀拌勻。因為種類不同，含水量也不同，若太濕可適時加入 1 匙太白粉。
2. 準備一平底鍋，開小火加入適量烹飪油，將洋蔥、蘑菇和絞肉炒軟、炒熟，取出放涼。
3. 將做法 2 的材料與馬鈴薯泥混和均勻，包入起司，搓成湯圓狀，裹上一層薄麵粉，再放入剛剛的平底鍋，邊滾邊搖晃鍋子，把外層的麵粉煎熟，即可起鍋。
4. 也可以將馬鈴薯球放入預熱好 150℃的烤箱中，烤 5 分鐘即完成。
5. 完成的馬鈴薯可樂球能當寶寶的手指食物，常溫下 1 小時內食用完畢，冷藏保存 2 天，冷凍保存 1 週。

Part 3　副食品實戰篇｜第一階段：副食品初期（4～6 個月）↓ 無油地瓜薯條、馬鈴薯可樂球

地瓜優格餅

市售的優格餅貴鬆鬆，且都有添加糖，所以Ｋ力很不喜歡讓寶寶吃。實驗了好幾回，終於讓我成功開發出這道優格餅，用四種天然原形食材製作，酥酥脆脆入口即溶，是最適合寶寶的天然解饞小零嘴。

寶寶的健康點心　份量：約可做 65 顆

材料
地瓜 50g
優格 30g
蛋白 1 顆
檸檬汁 2.5ml

這道菜有影片教學喔！

做法
1. 地瓜洗淨、切塊蒸熟，趁熱磨成細緻的泥；將把地瓜泥加入優格，攪拌均勻，放置一旁待用。
2. 取一大碗，拿 1 顆冷藏雞蛋，取蛋白的部分，並加入新鮮的檸檬汁，用電動打蛋器快速攪打約 3 分鐘，打至拉起來尾端不會垂落的乾性發泡。
3. 將 1／2 的打發蛋白加入地瓜優格泥中，用切拌的方式快速攪拌均勻，再加入 1／2 打發蛋白，用切拌的方式攪拌均勻，速度要越快越好，避免蛋白消泡。
4. 烤箱預熱至 100 度 C；烤盤放上一張烘焙紙。
5. 將地瓜優格蛋白泥放入擠花袋中，然後擠在烘焙紙上，形狀大小約是 1 元硬幣的圓錐狀，接著放入已經預熱好的烤箱，以 100 度 C，烤 60 分鐘即完成酥脆並且入口即溶的優格餅。
6. 密封冷藏可保存 5 天，冷凍可保存 2 週。

美味秘訣！
- 若有回潮的情形，可以再用烤箱，用 100 度 C 稍微烘酥，即可享用。

花紋雞蛋網餅

一般製作法式可麗餅時，都會要求廚師煎越薄代表技術越好，但是忙碌的媽媽哪有時間？因此K力把它稍作改良，並且不添加糖，快速簡單符合現代需求，營養健康更適合寶貝之外，還能當手指食物喔！

寶寶的健康點心　份量：3小片

這道菜有影片教學喔！

材料
雞蛋 1 顆
母奶或配方奶 60ml
中筋麵粉 70g

做法
1. 雞蛋打散，加入母奶或配方奶、中筋麵粉，混合成無顆粒的麵糊。
2. 混合好的麵糊倒入麵糊罐子中，靜置 10 分鐘。
3. 準備一不沾鍋，開小火，擠入麵糊邊畫圈圈。
4. 待麵糊凝固，表皮煎熟而且網餅會移動時，即可關火起鍋。
5. 雞蛋網餅摺起兩邊後，再捲起來即完成。
6. 密封冷藏保存 2 天冷，凍保存 1～2 週。

美味秘訣！
- 視寶寶的吞嚥咀嚼狀況，年齡尚小的寶寶，可以撕小塊給予。
- 1 歲後可試寶寶食慾，灑點糖粉、果醬或蜂蜜。

Part 3 副食品實戰篇｜第一階段：副食品初期（4～6個月）↓ 地瓜優格餅、花紋雞蛋網餅、南瓜蘋果蛋捲

南瓜蘋果蛋捲

把日常的常見食材稍微發揮創意，不需要花太多時間，就是一道適合寶寶的下午茶點心。南瓜甜味混合了蘋果的酸味，所以寶寶非常喜歡，搭配一旁的蘋果茶，更是物盡其用又好吃呢！

寶寶的健康點心　份量：約可做 5 小塊

這道菜有影片教學喔！

材料
雞蛋 1 顆
母奶或配方奶 20ml
中筋麵粉 5g
蘋果 70g
南瓜 70g

做法
1. 蘋果和南瓜都清洗乾淨後，削皮切塊蒸熟，再瀝乾水分，用叉子壓成泥狀，變成蘋果南瓜泥。
2. 雞蛋攪散，加母奶或配方奶和中筋麵粉，攪拌均勻後過篩，蛋液更細緻。
3. 不沾鍋開中小火，抹層薄油，倒入蛋液，兩面都煎熟後取出蛋皮。
4. 蛋皮鋪平，抹上蘋果南瓜泥後捲起，再切成適當大小即完成。
5. 冷藏保存 2 天，凍保存 1～2 週。

美味秘訣！
- 蘋果泥加冷開水就變成好喝的蘋果茶喔！

第二階段：副食品中期（7～9個月）

副食品中期方式

- **滿 7 個月寶寶的飲食重點：**

    一般來說要吃「兩餐副食品」+「一次點心」，副食品約 90～150ml，點心約 30～50ml，粥要能吃八、七倍粥，不需要打泥，食材則打成泥，如果口腔能力進度良好的寶寶，也可嘗試將食材切細碎至 0.2～0.3 公分。

    7～9 個月的寶寶可以吃小顆粒了。

- **滿 8 個月寶寶的飲食重點：**

    平均要吃「兩餐副食品」+「一次點心」，副食品約 90～150ml，點心約 30～50ml，粥要能吃六、七倍粥，不需要打泥，食材也切細碎至 0.2～0.3 公分即可。可以給生水果，也就是指沒經過加熱的水果，選擇現做而且容易被壓成泥狀的種類，譬如香蕉、火龍果、木瓜、酪梨、桃子、葡萄等，因為經過叉匙壓泥的水果沒辦法像攪拌器一樣打的綿密細緻，這也代表寶寶要自己試著用牙齦壓爛、咀嚼再吞嚥。

- **滿 9 個月寶寶的飲食重點：**

    平均要吃「兩餐副食品」+「一次點心」，副食品約 90～150ml，點心約 30～50ml，粥要能吃五倍粥，粥不需要打泥，食材也切細碎至 0.3～0.4 公分即可。且也具有抓握東西的能力，所以平常可以多準備些手指食物供寶寶自己進食，以奠定自吃飯的基礎。寶寶應會用舌頭前後、上下嚼動著吃，舌頭把食物放在上顎處壓碎吃。另外，有些進度快的寶寶，甚至已經可以用一餐副食品取代一餐奶囉！

副食品中期餵食檢查重點

- 因為寶寶月齡更大了，所以每次試新食材試一到三天即可，第一天先少量嘗試，確認不會過敏後，隔天就可以多嘗試一點。因此 7、8 個月的食譜，K 力會做比較多如何一次準備三種新食材、快速一週副食品的示範讓寶寶當週嘗試。

- 比較值得注意的是，舊食材可以放入生米鍋一起熬煮，而新食材要放一格格分開的蒸盤上，再把蒸盤放生米鍋上，一起放入電鍋蒸煮熟，煮好開關跳起來平均先燜 10 分鐘，再把食材打泥或切碎。如果是綠色菜葉比較不建議用電鍋蒸煮，會把菜葉煮得過黃過老且有難聞氣味，所以還是建議葉菜類用滾水快速汆燙比較好。

- 這階段因為副食品增加，所以食物中可以加幾滴天然油脂，降低便秘發生機率。除了奶類和副食品的湯水之外，每公斤的體重可以攝取 30ml 以下的飲用水（8 公斤的寶寶，一天攝取不超過 240ml 的飲用水），避免寶寶發生便秘情形。

- 1 歲過後才能用鮮奶取代配方奶或母奶，但是 9 個月過後的寶寶可以少量嘗試一些乳製品，像是優格、起司、鮮奶油和奶油，但比較要注意的是這些奶製品最好「加熱至 80～85°C」，殺菌後再給寶寶「少量」攝取，比較安全。

- 「七坐八爬九發牙」，這階段的寶寶通常好奇心豐富，甚至會想搶媽媽手中的湯匙了，所以食譜中會分享比較多的手指食物讓孩子學習抓握。

- 有些寶寶吞嚥咀嚼學習快，所以喜歡更有口感的食物（濃粥或軟飯），因此嘗試下一階段的料理，也是沒有問題的喔！只是要注意寶寶在吃的時候，大人一定要在旁邊照看，以免發生危險。

7～9個月的寶寶作息示範

時　間	飲　食
06：00～07：00	母奶／配方奶
08：00～09：00	早餐
09：00～11：00	小睡
11：30～12：30	午餐　吃完後可補母奶／配方奶
13：00～15：00	午睡
15：00～15：30	點心
18：30～19：30	母奶／配方奶
20：30～21：30	母奶／配方奶，然後睡覺

滿 7～9 個月的副食品計畫表

每天吃「兩餐副食品」＋「一次點心」。副食品每餐約 90～150ml，點心約 30～50ml。

	星期一	星期二	星期三
第 1 週	蛋黃八倍粥 玉米雞肉八倍粥	蛋黃八倍粥 玉米雞肉八倍粥	蛋黃八倍粥 玉米雞肉八倍粥
第 2 週	地瓜鴻喜菇七倍粥 洋蔥櫛瓜紅蘿蔔牛肉八倍粥	地瓜筊白筍七倍粥 玉米豬肉七倍粥	地瓜菜豆七倍粥 蘋果玉米豬肉七倍粥
第 3 週	燕麥繽紛水果糊 冬瓜蝦仁六倍粥	燕麥繽紛水果糊 蘿蔔蝦仁六倍粥	燕麥繽紛水果糊 山藥蝦仁六倍粥
第 4 週	香甜核果疙瘩糊 白帶魚高麗菜麵線	香甜核果疙瘩糊 白帶魚波菜麵線	香甜核果疙瘩糊 白帶魚青江菜麵線

●早餐　●中餐　●晚餐

星期四	星期五	星期六	星期日
蛋黃絲瓜八倍粥	蛋黃絲瓜八倍粥	蛋黃絲瓜八倍粥	蛋黃紅蘿蔔絲瓜八倍粥
洋蔥牛肉八倍粥	洋蔥牛肉八倍粥	洋蔥牛肉八倍粥	洋蔥櫛瓜紅蘿蔔牛肉八倍粥
鴻喜菇豆薯七倍粥	鴻喜菇白蘿蔔七倍粥	鴻喜菇玉米七倍粥	鴻喜菇洋蔥七倍粥
地瓜豬肉七倍粥	洋蔥地瓜雞肉七倍粥	櫛瓜洋蔥雞肉七倍粥	紅蘿蔔蘋果雞肉七倍粥
豬肝黃瓜米粉糊	豬肝黃瓜米粉糊	豬肝黃瓜米粉糊	豬肝黃瓜米粉糊
雞肉櫛瓜紫菜六倍粥	豬肉櫛瓜紫菜六倍粥	牛肉櫛瓜紫菜六倍粥	牛肉櫛瓜紫菜六倍粥
豬肉南瓜星星麵	豬肉南瓜星星麵	豬肉南瓜星星麵	豬肉南瓜星星麵
牛肉菠菜黑米六倍粥	牛肉菠菜黑米六倍粥	豬肉菠菜黑米六倍粥	魚肉菠菜黑米六倍粥

Part 3　副食品實戰篇｜第二階段：副食品中期（7～9個月）

滿 9 個月的副食品計畫表

每天吃「兩餐副食品」+「一次點心」。副食品每餐約 90～150ml，點心約 30～50ml。

	星期一	星期二	星期三
第 1 週	黑棗豬肉五倍粥 絲瓜蛤蜊麵線	絲瓜蛤蜊麵線 黑棗豬肉五倍粥	黑棗雞肉蘋果五倍粥 絲瓜滑蛋麵線
第 2 週	松子豆奶麵線 豆腐雞肉蘋果丸子五倍粥	豆腐雞肉蘋果丸子五倍粥 松子豆奶麵線	燕麥雞蛋五倍粥 紅蘿蔔蘑菇五倍粥
第 3 週	糙米小披薩 鯛魚香菇海帶芽五倍粥	糙米小披薩 玉米雞肉花椰菜麵線	糙米小披薩 山藥菠菜牛肉五倍粥
第 4 週	香蕉鬆餅 雞肉筊白筍玉米七倍粥	香蕉鬆餅 鱸魚花椰菜五倍粥	黃豆煎餅 黑米番茄菠菜五倍粥

Part 3 副食品實戰篇｜第二階段：副食品中期（7〜9個月）

●早餐　●中餐　●晚餐

星期四	星期五	星期六	星期日
絲瓜滑蛋麵線	絲瓜豬肉洋蔥五倍粥	紅棗牛肉五倍粥	蛤蜊鴻喜菇五倍胚芽粥
黑棗雞肉蘋果五倍粥	紅棗牛肉五倍粥	絲瓜豬肉洋蔥五倍粥	紅棗牛肉五倍粥
紅蘿蔔蘑菇五倍粥	牛肉白蘿蔔五倍粥	洋蔥香菇豬肉五倍粥	牛肉甜豆五倍粥
燕麥雞蛋五倍粥	洋蔥香菇豬肉五倍粥	牛肉白蘿蔔五倍粥	豬肉栗子五倍粥
鮮蝦燕麥嫩糕	鮮蝦燕麥嫩糕	棒棒糖饅頭	棒棒糖饅頭
雞肉木耳梨子五倍粥	豬肉南瓜五倍粥	彩蔬豆腐五倍粥	豬肉栗子筊白筍五倍粥
黃豆煎餅	玉米蛋糕	玉米蛋糕	玉米蛋糕
雞肉木耳梨子五倍粥	牛肉甜豆白蘿蔔五倍粥	豬肉栗子地瓜葉五倍粥	小金魚餛飩湯搭彩蔬濃粥

滿 7～8 個月寶寶的食譜

快速一週副食品

蛋黃絲瓜八倍粥

絲瓜是夏天盛產的蔬菜之一，熱量低水分多且纖維豐富，適量攝取可以促進腸道蠕動預防便秘；雞蛋幾乎含有人體所需要的全部營養物質，被稱之為「理想的營養庫」也很適合寶寶食用。

快速一週副食品　份量：約 1000ml

這道菜有影片教學喔！

材料
絲瓜 100g
雞蛋 1 顆

電鍋內鍋：
生米 80g
乾淨飲用水 800ml

電鍋外鍋：
1 杯水

做法

1. 絲瓜削皮後洗乾淨，再切成適當大小盛盤；雞蛋放在墊濕紙巾的碗中；生米洗淨加入水，將所有材料放電鍋中蒸煮熟。鍋內可加些之前吃過的食材，如洋蔥、紅蘿蔔、南瓜等。煮好後個別打泥，就可以每天吃到不同的副食品。
2. 絲瓜和絲瓜水一起切碎或打泥；雞蛋剝殼取蛋黃，剛開始先試 1／4 蛋黃。
3. 蛋黃用不完的可以冷凍；倍粥也可以分裝，冷藏保存 3 天，冷凍保存 2 週。

美味秘訣！

- 滿 7 個月的寶寶如果練習足夠的話，一般來講已經能吃不打泥的八倍粥了，不過其它食材仍然需要打泥，因為寶寶的牙齦壓碎能力還沒有很足夠，但是如果寶寶適應力夠，也可以試試切碎餵食。
- 副食品知識常常更新的很快，舊派是 7 個月吃蛋黃，1 歲才吃蛋白；新派是 6、7 個月吃蛋黃，8、9 個月可以吃蛋白測試耐敏性。基本上不管任何月齡吃蛋白蛋黃都可以，只是蛋黃與蛋白要先分開試，重點是剛開始少量的初試幾小口即可，並仔細觀察寶寶有無過敏的反應。

地瓜鴻喜菇七倍粥

稻米依據碾白程度，可分白米、胚芽米、糙米，還有糙米發芽的發芽米，胚芽米比白米多一顆胚芽，也比白米有較多的脂肪、蛋白質及膳食纖維。鴻禧菇則含有寡糖、膳食纖維、多醣體，可提升免疫力。

快速一週副食品　份量：約 900ml

這道菜有影片教學喔！

材料
中型地瓜半顆
鴻喜菇 50g

電鍋內鍋：
胚芽米 100g（需先泡水 30～60 分鐘）
乾淨飲用水 700ml

電鍋外鍋：
1 杯水

做法
1. 地瓜削皮切塊、鴻喜菇切除根部再切段，放在蒸盤上。
2. 胚芽米洗淨加入水，再將蒸盤放在煮粥的鍋子上，一起放入電鍋蒸煮，電鍋開關跳起後燜 15 分鐘再開蓋。
3. 地瓜可以直接分裝，鴻喜菇加點粥一起打泥或直接切碎。冷藏保存 3 天，冷凍 2 週。

美味秘訣！
- 7、8 個月大的寶寶，腸胃的消化能力與口腔的吞嚥咀嚼能力都更好了，所以將白米改為胚芽米，更有營養。
- 媽媽可同時多準備一些食材和胚芽米一起煮，以增加一週菜色的變化，例如之前吃過的洋蔥、紅蘿蔔、大黃瓜，直接分開搗爛，再裝入冰磚盒。
- 要吃地瓜冰磚時，只要加熱後再拿叉匙壓碎即可，因為還保留點顆粒狀，反而可以讓寶寶多點咀嚼的練習。

Part 3　副食品實戰篇｜第二階段：副食品中期（7～9 個月）｜蛋黃絲瓜八倍粥、地瓜鴻喜菇七倍粥

山藥雞肉玉米蘋果七倍粥

山藥是營養價值非常高的根莖類植物，含有醣類、維生素B、C、K及蛋白質鉀等營養；山藥澱粉質的綿密口感會讓雞肉變得比較濕潤不乾柴，軟嫩的口感寶寶很喜歡。

快速一週副食品　份量：約 960ml

這道菜有影片教學喔！

材料

雞里肌 100g
玉米粒 100g
蘋果 100g
山藥 100g

電鍋內鍋：
生米 70g
飲用水 490ml

電鍋外鍋：
1 杯水

做法

1. 把玉米粒削下，跟雞里肌一起放蒸盤上；蘋果去皮去籽切大塊，山藥去皮切大塊一起放入另一蒸盤中。
2. 生米略微清洗後加入水；再將蒸盤放在煮粥的蒸鍋上，外鍋1 杯水，電鍋跳起後燜 10 分鐘再開蓋。
3. 蒸煮熟後，山藥和雞肉可以一起用切碎盒切碎，蘋果切碎玉米切碎。
4. 碗中盛七倍粥，可任何搭配山藥雞肉、蘋果、玉米等食材。或將配料分別裝盒，冷藏可保存 3 天，冷凍保存 2 週。

美味秘訣！

- 用一台電鍋同時煮出兩種口味的七倍粥。山藥搭配上雞里肌一起攪拌，它的黏液可以讓雞肉的口感更好，增進寶寶食慾，再搭上微甜的玉米或蘋果，孩子接受度就會大大提高囉！

黃綠紅牛肉七倍粥

搶眼的黃綠紅七倍粥，顏色不僅繽紛也可以吸引寶寶的目光，這五種食材單吃、混吃都適合，含有完整的澱粉、蛋白質、鐵質和纖維，很適合寶寶喔！

快速一週副食品　份量：約 1000ml

這道菜有影片教學喔！

材料
牛菲力 100g
紅蘿蔔 70g
洋蔥 100g
夏南瓜 150g

電鍋內鍋：
生米 70g
飲用水 490ml

電鍋外鍋：
1 杯水

做法
1. 生米略微清洗後加入水；胡蘿蔔削皮洗淨後切塊；夏南瓜可以用海綿搓洗外皮，沖洗乾淨後切塊；洋蔥剝皮切塊（若有髒汙，還是要清洗一次）；牛肉切塊，放在蒸盤上。
2. 將生米、水、紅蘿蔔、洋蔥、夏南瓜，一起放入鍋子中；再將蒸盤放在煮粥的鍋子上，一起放入電鍋蒸煮，開關跳起來後燜 10 分鐘再開蓋。
3. 牛肉和洋蔥一起放入切碎盒切碎，洋蔥可以讓牛肉吃起來較軟嫩；紅蘿蔔加 70ml 倍粥一起切碎再分裝；夏南瓜切碎。然後個別放入分裝盒中保存。
4. 密封後冷藏保存 2 天，冷凍保存 1 週。

美味秘訣！
- 紅蘿蔔與倍粥一起分裝可以降低寶寶一次吃太多紅蘿蔔，造成色素沈澱問題。
- 夏南瓜的外型像顆南瓜，實際的口感卻像櫛瓜，是台灣近年來才開始種植的新品種。如果沒有夏南瓜，也可以用綠櫛瓜或者小黃瓜替代。

雞蛋嫩豆腐

利用雞蛋這項天然食材來作為豆腐的凝結劑,就可以簡單又快速做出雞蛋豆腐,香濃滑嫩又適合當作寶寶的副食品。

快速一週副食品　份量:約 250ml

這道菜有影片教學喔!

材料
雞蛋 1 顆
豆漿 150 ～ 200ml

電鍋外鍋:
1 杯半水

做法
1. 碗中打入雞蛋均勻打散,再加入豆漿攪拌均勻(豆漿越濃則分量可以加多,但是如果豆漿較稀,建議只用 150ml,才容易凝結成功),倒入蒸碗中。
2. 放入電鍋裡,外鍋加 1 杯半水,按下開關蒸煮。用牙籤插入蛋液中心,沒有沾黏表示成功。

美味秘訣!

- 寶寶吃過蛋黃確認不會過敏,這次就可以用這個方法試蛋白囉!建議當餐和寶寶一起吃完,風味最佳。
- 自製豆漿做法可參考:南瓜豆漿。

嫩豆腐時蔬六倍粥

市面上的豆腐來源多是從黃豆製成的豆漿，將豆漿過濾去渣、加入凝固劑，產生的生漿就可製成豆花或盒裝豆腐。因濃度不同，較淡的會製成嫩豆腐、較濃的就變成板豆腐，都是很營養的副食品食材。

快速一週副食品　份量：約 300ml

材料
嫩豆腐 40g
洋蔥 10g
南瓜 20g
青江菜 15g
杏鮑菇 15g
六倍粥 200g
乾淨飲用水 100ml

做法
1. 將嫩豆腐稍微用飲用水清洗。
2. 南瓜削皮去籽；洋蔥去皮；青江菜洗淨；杏鮑菇稍微清洗，以上材料切成約 0.2～0.3 公分大小的小丁狀。
3. 準備一湯鍋，倒入水，將洋蔥先下鍋煮 3 分鐘，再放入南瓜煮 3 分鐘，再放入青江菜、杏鮑菇、嫩豆腐、六倍粥放入煮 1 分鐘，全部煮滾後，調整至六倍粥的濃稠度即完成。
4. 約 2 餐，也可以一次做多些分裝，冷藏可保存 3 天，冷凍保存 1 到 2 週。

美味秘訣！

- 這道餐點有蔬果的甜味，可以增進寶寶食慾，給寶寶吃的豆腐可以盡量選擇效期新鮮的非基改黃豆製成的嫩豆腐口感較佳。
- 或者也可使用自製的「雞蛋嫩豆腐」來製作，口感更滑順。

茭白筍菜豆豆薯六倍粥

茭白筍是水生蔬菜，嫩莖桿被菰黑粉菌刺激而形成的紡錘形肥大部分，水分多，纖維含量也很豐富。菜豆是長豆莢的豇豆，包含了蛋白質、脂肪、碳水化合物、維生素 B、C 及鈣、鐵等。豆薯稱為地下的梨子，可以生吃。

快速一週副食品　份量：約 800ml

這道菜有影片教學喔！

材料
茭白筍 2 根
豆薯 1／5 顆
菜豆 3 條

電鍋內鍋：
生米 80g
乾淨飲用水 480ml

電鍋外鍋：
1 杯水

做法
1. 茭白筍去外殼、洗淨後切片；豆薯去皮、洗淨、切塊；菜豆洗淨切段。
2. 將所有食材放在蒸盤上，生米洗淨加入水放入鍋內，將所有材料放電鍋中蒸煮熟後把蒸盤的食材切碎。
3. 約 5～8 餐，可以一次做多些分裝，冷藏保存 3 天，冷凍 2 週。

美味秘訣！

- 8 個月的寶寶一般來說都能吃六倍粥，而食材不用打泥，直接切成 0.2～0.3 公分細碎大小，讓食材保有些顆粒感，以便讓寶寶自行練習咀嚼的能力。
- 每餐也要幫寶寶補充蛋白質，像是豆、魚、雞、豬、牛等，K 力每週會準備兩種肉類冰磚，每道粥可以把 2 到 4 種食材一起作搭配，像是豬肉茭白筍白菜粥、豬肉茭白筍玉米粥、豬肉菜豆金針菇粥、雞肉菜豆馬鈴薯粥、雞肉菜豆黃瓜粥、雞肉豆薯高麗菜粥等等，餐餐都有變化，營養均衡也不會吃膩。

雞肉櫛瓜紫菜六倍粥

紫菜含有胡蘿蔔素、鈣、鐵、鉀、碘、磷等營養素，能改善貧血，並強化骨骼及牙齒，是很受寶寶喜歡的食材，加上清甜的櫛瓜和雪白菇及雞肉，很適合夏天食用。

快速一週副食品 份量：約 280ml

材料
雞胸肉 30g
櫛瓜 30g
雪白菇 20g
紫菜 2g
六倍粥 200g
乾淨飲用水 100ml

做法
1. 將櫛瓜和雪白菇清洗乾淨，切成約 0.2～0.3 公分大小的小丁狀；紫菜也切碎。
2. 雞胸肉去除筋膜、切碎。準備一湯鍋，倒入水，將櫛瓜與雪白菇先下鍋煮 3 分鐘，再放入雞肉煮 1 分鐘，最後放入紫菜、六倍粥煮 1 分鐘。
3. 全部煮滾後，調整至六倍粥的濃稠度即完。
4. 約 2 餐，也可以一次做多些分裝，冷藏可保存 2 天，冷凍保存 1 到 2 週。

美味秘訣！
- 紫菜容易受潮而變質，所以儲存須放入密封的袋子或罐子中，放在低溫乾燥的地方保存。
- 媽媽可以自行變化幫寶寶搭配其他食材，譬如倍粥裡可以加之前吃過的舊食材，如金針菇、大小黃瓜、大白菜、高麗菜、玉米、毛豆、馬鈴薯、紅蘿蔔等。

牛肉菠菜黑米六倍粥

黑米與紫米外型相似但其實是不同品種。紫米是一種糯米，黑米是一種秈米；兩者都是糙米，如果將黑米米糠層剝去，裡面仍是一般的白色。因為擁有豐富的花青素，所以近年來甚受國人推崇。

快速一週副食品　份量：約 140ml

材料
牛菲力 20g
紅蘿蔔 5g
牛番茄 10g
菠菜 5g
六倍黑米粥 100g
烹飪油適量

做法
1. 六倍黑米粥的處理方式與糙米一樣，依照包裝指示，先快速洗淨 2 次，再泡水 5～7 小時，以米與水 1：6 的比例，煮成六倍粥。
2. 將紅蘿蔔削皮、菠菜清洗乾淨、番茄氽燙 30 秒剝除外層果皮，以上材料切成約 0.2～0.3 公分大小的小丁狀；牛肉去除筋膜、切碎。
3. 準備一湯鍋，開中火，倒入適量烹飪油，油溫升高後，放入紅蘿蔔與番茄翻炒 1 分鐘，再加入牛肉與黑米粥煮滾，最後放入菠菜煮 30 秒，全部煮滾後即完成。
4. 這道約一餐量，也可以一次做多些分裝，冷藏可保存 2 天，冷凍保存 1 到 2 週。

美味秘訣！
- 若不習慣黑米口感，也可以使用白米或糙米來製作。

冬瓜蝦仁六倍粥

蝦包含蛋白質、維生素 A、B 及鈣、鐵、磷、鋅，是非常營養的食材。可先讓寶寶少量嘗試，確認沒有過敏後再繼續食用，並盡量當餐用完。

快速一週副食品 份量：約 270ml

材料
新鮮蝦子 5 隻
冬瓜 30g
秀珍菇 20g
六倍粥 200g
生薑去皮 1 片
乾淨飲用水 100ml

做法
1. 將冬瓜去皮、秀珍菇清洗乾淨，切成約 0.2～0.3cm 大小的小丁狀。
2. 蝦去頭、剝殼、去除蝦線，然後用菜刀快速剁碎成蝦泥，另外留一隻蝦子縱切半，做手指食物讓寶寶自己吃吃看。
3. 準備一湯鍋，倒入水，將冬瓜與薑片先下鍋煮 3 分鐘，再放入蝦子與秀珍菇煮 1 分鐘，最後放入六倍粥煮滾後，調整適當的濃稠度即可。
4. 約 2 餐，也可以一次做多些分裝。海鮮保存期限較短，冷藏可保存 1 天，冷凍保存 1 週。

美味秘訣！
- 選購時盡量購買新鮮帶殼的蝦，避免蝦仁，較無藥水泡發的疑慮。
- 蝦背上的蝦線是尚未排完的廢物，所以要先把蝦線處理乾淨後再食用。

白帶魚高麗菜麵線

白帶魚體型特殊，像是一把武士刀，銀白色閃閃發光，多半切成一段一段後販售，常見於夏季。肉質細膩，除了背部及主幹有魚刺外，沒有細小暗刺，很適合吞嚥功能較差的老人家及幼兒食用，安全性高。

快速一週副食品 份量：約 200ml

材料
新鮮白帶魚 1 片
高麗菜 20g
黑木耳 20g
麵線 50g
生薑去皮 1 片
乾淨飲用水 400ml

做法
1. 將白帶魚略微清洗，蒸熟後小心取出魚肉約 30g 並剁碎。
2. 黑木耳切掉蒂頭，與高麗菜清洗乾淨，切成約 0.2～0.3 公分的小丁狀。
3. 準備一湯鍋倒入水，水滾後放入麵線煮 2 分鐘，再加入高麗菜、黑木耳與薑片煮 2 分鐘，最後放入白帶魚肉煮滾後，取出薑片用食物剪略微剪碎麵線即完成。
4. 約 2 餐，也可以做多些分裝。海鮮保存期限較短，冷藏可保存 1 天，冷凍保存 1 週。

美味秘訣！

- 除了白帶魚，也有很多少刺的白肉魚也都很適合用來製作寶寶的副食品。
- 生鮮魚類冷藏期限較短，若單餐無法食用完畢，也可一次將新鮮魚肉烹煮處理後，直接分成小份，冷凍保存成冰磚，需要時再加入副食品中食用，可保存 1 週。

豬肉南瓜數字麵

造型數字麵是用小麥製成，也是義大利麵的一種，不僅有數字造型，市面上也能找到字母、星星、動物等等造型，造型小巧可愛，很適合用來製作副食品，寶寶吃膩米飯時不妨換換口味吧！

快速一週副食品　份量：約 400ml

材料
豬腰內肉 20g
南瓜 40g
馬鈴薯 30g
洋蔥 10g
花椰菜 30g
數字麵 40g
乾淨飲用水 300ml

做法
1. 將馬鈴薯、南瓜與洋蔥去皮切片；花椰菜清洗乾淨，切成約 0.2～0.3 公分的小丁狀；豬腰內肉去除筋膜，用菜刀快速剁碎成肉泥。
2. 準備一湯鍋，先將數字麵依照包裝指示煮熟後瀝乾。
3. 準備另一湯鍋，倒入水，將馬鈴薯、南瓜與洋蔥先下鍋小火煮 5 分鐘，放置微溫後，用調理機或攪拌棒打成泥狀。
4. 再把南瓜馬鈴薯洋蔥泥倒回鍋中，放入豬肉泥與花椰菜丁，開大火煮 1 分鐘，最後放入數字麵，煮滾後調整適當的濃稠度即可。
5. 可以一次做多些分裝，冷藏可保存 2 天，冷凍保存 1 到 2 週。

美味秘訣！
- 每一種義大利麵都有建議烹煮的時間，需要依照包裝指示決定。但寶寶吃的，建議再多烹煮時間 2 分鐘，讓麵體更軟更易消化。

黑棗豬肉粥

紅棗安神助眠、止咳潤肺、養顏美容,熬煮成副食品,滋味均衡也營養。黑棗具有補鐵、幫助排便的功效,除了加水打泥外,直接加入副食品中,也有這種療效。建議媽媽平常可以煮幾餐量,經常讓寶寶食用。

快速一週副食品　份量:約 400ml

這道菜有影片教學喔!

材料

黑棗(加州梅)2 顆
紅棗 2 顆
小白菜葉 2 片
紅蘿蔔 15g
洋蔥 15g
豬肉 30g
五倍粥 250ml
飲用水 300ml

做法

1. 紅棗清洗、去籽、切碎;黑棗去籽、切碎;紅蘿蔔去皮、切碎;洋蔥去皮、切碎; 豬肉切碎,以上材料都切碎至 0.3～0.5 公分,適合寶寶的大小。
2. 準備湯鍋,開大火,放入 300ml 飲用水和紅棗、紅蘿蔔、洋蔥,滾後轉小火煮 3～5 分鐘,待食材煮軟後,加入黑棗、豬肉、小白菜,再煮 1 分鐘後,加入五倍粥,熬煮成適當濃稠度即完成。
3. 密封後,冷藏保存 2 天,冷凍保存 1 週。

美味秘訣!

- 現煮好的黑棗豬肉粥,可以一份當寶寶的午餐或晚餐吃,一份當隔天寶寶的早餐(要放冰箱冷藏)。用這種方法來準備副食品也很方便,媽咪不用餐餐爬起來煮,又可以讓寶寶吃到新鮮的料理。

豬肝黃瓜米粉糊

豬肝含大量的蛋白質和維生素A、B，以及豐富的鈣、磷、鐵，是營養非常豐富的食物，而且豬肝的鐵質非常容易被人體吸收，是非常優良的補血食材。

快速一週副食品　份量：約 600ml

材料
豬肝 20g
黃瓜 30g
大白菜 10g
生薑去皮 1 片
麻油 2.5ml
純米米粉 50g
乾淨飲用水 600ml

做法
1. 豬肝切片後，放在流動水下清洗 5 分鐘，至沒有血水後，再用滾水汆燙 1 分鐘，撈起瀝乾，切成 0.2～0.3 公分。
2. 黃瓜、大白菜清洗後，切成 0.2～0.3 公分大小。
3. 純米米粉泡入滾水 1 分鐘，取出瀝乾，以清洗表面的灰塵。
4. 準備一湯鍋，開大火，放入薑片、水與米粉，煮 5 分鐘，再放入黃瓜、大白菜、麻油煮 1 分鐘，最後放入豬肝再滾煮 10～30 秒，完成起鍋。
5. 密封分裝，冷藏保存 2 天，冷凍保存 1 週。

美味秘訣！

- 純米米粉的成分僅有米和水製成，非常單純。而市售的各大品牌，可能或多或少含不同的添加物，但是只有純米米粉才能煮軟，甚至煮久一點還會呈現糊狀，因此要先看清成分說明再購買。
- 購買時，要選購暗紅有光澤，無臭味的豬肝。用手指輕輕壓，壓痕快速恢復即表示新鮮。

燕麥繽紛水果粥

燕麥片是由燕麥加工所製成的食品，有豐富的膳食纖維；蛋白質含量也很高又容易消化，因此很適合製作副食品。夏天或感冒食慾不振時，這道水果粥可以讓寶寶開胃。

滿七、八個月寶寶　　份量：約 300ml

材料
即食燕麥片 35g
香蕉適量
葡萄適量
奇異果適量
飲用水 200ml

做法
1. 燕麥片沖熱水稍微洗淨後，撈起瀝乾。
2. 奇異果削皮、葡萄清洗乾淨、香蕉剝皮，把材料都切成0.2～0.3公分的小丁。
3. 準備一湯鍋，倒入燕麥片煮熟至漲大，最後放入水果丁攪拌均勻即完成。

美味秘訣！
- 也可以用其他較軟的水果取代食譜中的水果，如草莓、火龍果、木瓜、柳丁、哈蜜瓜等。

香甜核果疙瘩糊

腰果含蛋白質、澱粉、糖、鈣、鎂、鉀、鐵和維生素 A、B。還含有大量的亞麻油酸和不飽和脂肪酸。核桃含有醣類蛋白質、膳食纖維及多種維生素與礦物質，營養價值極高，也是合成體內抗氧化酵素的關鍵元素，風味絕佳。

滿七、八個月寶寶　份量：約 200ml

材料
新鮮玉米粒 50g
腰果 15g
核桃 15g
中筋麵粉 50g
小黃瓜 20g
溫飲用水 35ml

做法
1. 小黃瓜洗淨切片後再切碎。
2. 準備一個大碗，放入麵粉，加入飲用水攪拌揉捏成麵團，再撕成一顆顆適合寶寶食用的米粒大小，然後壓扁即成一片片麵疙瘩。
3. 新鮮的玉米粒、腰果、核桃加入適量冷飲用水，用調理機或攪拌棒打成泥狀。
4. 準備一湯鍋，放入玉米核果泥煮滾，再放入麵疙瘩，煮滾後轉小火，邊煮邊攪拌煮 5 分鐘，最後放入切碎的小黃瓜，調整成寶寶適合的濃稠度，煮滾完成。當餐食用，風味最佳。

美味秘訣！
- 腰果核桃也能替換成其他堅果，如松子、夏威夷果、杏仁等等。
- 3 歲以後才適合直接攝取整顆堅果，而 3 歲以前的嬰幼童，較建議以磨粉或切碎的方式攝取，以避免噎到。

滿 9 個月寶寶的食譜

手指食物

絲瓜蛤蜊麵線

蛤蜊含有蛋白質、維生素 B12、E 及鈣、磷、鐵、鎂、鉀、銅、牛磺酸等營養素，非常營養。麵線只要煮得夠軟，其實也很適合做寶寶的手指食物來握取。通常 K 力會一部分給寶寶自己拿著吃，另一部分剪碎（包含蛤蜊）餵寶寶。

寶寶手指食物　份量：約 1 餐

這道菜有影片教學喔！

材料
- 麵線 15g
- 絲瓜 10g
- 豆腐 10g
- 蛤蜊 2 顆
- 生薑 1 小片
- 枸杞數顆
- 乾淨飲用水

做法
1. 絲瓜削皮、清洗，切碎；豆腐洗淨、切碎；生薑去皮取 1 小片；蛤蜊吐沙後清洗乾淨；枸杞略微清洗。
2. 準備一鍋水，水滾後放入麵線煮 2 分鐘。瀝掉 2／3 煮麵水，留下適量的水，加入絲瓜、豆腐、蛤蜊與枸杞，煮滾後再煮 2～3 分鐘，確保蛤蜊煮熟、麵線煮軟即可。
3. 海鮮料理建議當餐食用完畢，風味最佳。

美味秘訣！

- 一般來說 9 個月左右寶寶不但坐得穩，而且具有用「大拇指、食指、中指」抓握東西的能力，所以平常可以多準備些手指食物供寶寶自己進食，以奠定未來自己拿湯匙吃飯的基礎。像豆子、紅蘿蔔、秋葵，甚至燙高麗菜、花椰菜、大白菜等，都是隨手可得的菜色，只要晚餐時間多備鍋水就能解決。
- 蛤蜊吐沙：將蛤蜊浸泡在約 50 度 C 的溫水中，約 10 分鐘即可完成吐沙。另外建議吐沙後的蛤蜊要當餐食用完，不建議再放回冰箱冷藏。

松子豆奶麵

松子的油脂約含 70% 的不飽和脂肪酸，含蛋白質為 17.6%，碳水化合物為 9.8%，還含有胡蘿蔔素、核黃素、尼克酸、維生素 E 以及鈣、磷、鐵、鉀、鈉、鎂、錳、鋅、銅、硒等。將松子打成泥做成飲品或加入料理中，就可以讓寶寶攝取到堅果類的油脂與豐富營養。

寶寶手指食物　份量：約 1000ml

這道菜有影片教學喔！

材料
黃豆 100g
松子 50g
乾淨飲用水 700ml
米麵適量
鹽適量

電鍋外鍋：
1 杯水

做法

1. 黃豆清洗過後，泡水 4 小時；松子烤 1～2 分鐘，香味更明顯。將黃豆與松子一起放入果汁機，加入水，打成泥狀，然後用豆漿袋過濾（若喜歡豆漿粉感可省略）。
2. 將豆漿液放入電鍋裡，外鍋 1 杯水蒸煮熟，若擔心豆漿會溢出來，可以在鍋子與鍋蓋之間放一根筷子，煮好的豆漿若有結塊可以拿出後再打一次泥。
3. 煮一鍋滾水，水滾後下麵條，煮 3 到 4 分鐘後撈起放碗中。同一湯鍋倒掉煮麵水，放入適量豆漿，加點鹽調味，滾後倒入麵中即完成。
4. 冷藏保存 3 天，冷凍保存 2 週，如果需要冷凍保存，可以將麵條煮半熟，解凍加熱後的麵條才不會過於軟爛。

美味秘訣！

- 松子可用腰果或核桃取代，風味也很棒。
- 也可以將松子豆奶當做一道飲品點心，優質補充寶寶成長所需的蛋白質。

Part 3　副食品實戰篇｜第二階段，副食品中期（7～9 個月）→ 絲瓜蛤蜊麵線、松子豆奶麵

手指翡翠魚片

魚肉有高蛋白質，優質不飽和脂肪酸 Omegag-3，就是魚油中的 DHA 和 EPA，也富含身體所需的微量礦物質，包括銅、碘、鎂、鐵、鈉、鉀、磷等。製成手指魚片，軟嫩的口感很適合寶寶自行抓食。

寶寶手指食物　份量：約 150g

這道菜有影片教學喔！

材料
蛋白 1 顆
花椰菜 15g
新鮮玉米粒 15g
鱸魚或鯛魚片 100g
檸檬汁數滴

做法
1 花椰菜和玉米粒放入滾水中汆燙 15 秒，撈起瀝乾。
2 魚片確認沒有魚刺後，切小塊。
3 把魚片、蛋白、花椰菜、玉米粒、檸檬汁用調理機或切碎盒打成泥狀。
4 準備一蒸碗，底部墊烘焙紙，放上魚肉泥後抹平表面，再用中火蒸 20 分鐘。
5 倒扣放涼取出，再切成片狀，即完成翡翠魚片。

美味秘訣！
- 如果無法自行取魚片而需購買市售魚片，一定要先確認新鮮度，聞起來若有異味或是乾扁、出水，都是不新鮮接觸空氣過久的魚片，不適合用來做副食品，吃起來也會有腥味。

豆腐蘋果雞肉丸子

做成一口大小的丸子，因為軟嫩度適中，既不會像豆腐一樣捏起就碎，也不怕寶寶噎到，很適合當寶寶的手指食物喔！肉丸含有豐富的蛋白質，天然健康，特別適合不愛吃肉的寶寶。

寶寶手指食物　份量：約 15 顆

這道菜有影片教學喔！

材料
雞里肌 150g（約 4 條）
板豆腐 100g
（或嫩豆腐 50g）
蘋果 50g

電鍋外鍋：
半杯水

做法
1. 雞里肌去筋膜，切小塊後，與豆腐、蘋果一起用切碎盒攪打成絞肉泥狀，再用手掌虎口擠出丸子形狀。如果形狀不圓，可以手指抹點油幫助塑型。
2. 放入電鍋，外鍋放半杯水，開關跳起後燜 10 分鐘再開蓋即完成。
3. 些許蘋果磨成泥，放在肉丸上，風味更棒！
4. 冷藏保存 3 天，冷凍保存 1 週。

美味秘訣！
- 很多寶寶在 9 個月左右會開始不吃副食品，這是因為他們討厭被餵食想要「主導」用餐，所以只吃握在自己手裡的食物，因此 K 力設計手指食物時，多半會將「均衡飲食」概念加進去。
- 寶寶吃的時候，大人還是要在旁查看，避免寶寶吞太大口。

燕麥雞蛋玉子燒

其實做玉子燒不一定需要買專門的工具，只需要日常生活中會用到的不沾鍋，就可以做出這道寶寶食譜囉！

寶寶手指食物　份量：約 150g

這道菜有影片教學喔！

材料
雞蛋 2 顆
高湯 30ml
燕麥粥 10g

做法
1. 碗中打入 2 顆雞蛋，加入高湯後混合均勻，再用篩網過篩，讓蛋液更細緻。
2. 使用小不沾鍋，開小火倒入適量烹飪油，先倒入一點蛋液，晃動鍋子讓蛋液均勻，當蛋液半凝狀形成蛋皮後，放入 10g 燕麥粥排長條狀再捲起來，再倒一點蛋液，當蛋液半凝狀形成蛋皮後再捲起，重複步驟直至蛋液用完。
3. 雞蛋料理建議當餐食用完畢，風味最佳。

美味秘訣！

- 寶寶吃的時候，大人需在旁陪伴，以免寶寶吞太大口。
- 燕麥粥也可以用煮熟的軟蔬菜代替，如：洋蔥、南瓜、紅蘿蔔等。
- 這道食譜，適合給寶寶練習更多的抓握能力，而且很好吃，可以當作晚餐前一道菜，讓家人一同享用。

蛋皮蔬菜卷

小黃瓜、紅蘿蔔可補充纖維質，包在含有蛋白質、脂肪、卵黃素、卵磷脂、維生素A、B等營養的雞蛋裡，鮮豔的顏色可有效提昇寶寶的食慾。對於不愛吃副食品的寶寶，可以試試這道營養又好吃料理。

寶寶手指食物　份量：約100g

這道菜有影片教學喔！

材料

小黃瓜絲
紅蘿蔔絲
熟白芝麻粒適量
麻油 2.5ml
雞蛋 1 顆
牛奶 30ml
鹽適量

做法

1. 小黃瓜清洗後，用削皮刀削成一片片再切絲；紅蘿蔔削除外皮、清洗後，用削皮刀削成一片片再切絲。
2. 準備一鍋滾水，水滾後先放紅蘿蔔絲煮 30～60 秒，再加入小黃瓜絲，煮 30～60 秒，撈起瀝乾，與芝麻、麻油，攪拌均勻。
3. 雞蛋、牛奶和鹽一起攪拌均勻。
4. 取一不沾鍋，開小火，將蛋液倒入的煎成蛋皮。
5. 準備平盤，放上蛋皮，再放蔬菜絲，捲起來切塊即可。蛋料理適合當餐食用完畢，風味最佳。

美味秘訣！

- 一顆顆的蛋皮蔬菜卷，可以當做寶寶的早餐、手指食物或者是點心。也可以一部分剪碎後加入倍粥內，就是營養的一餐。

黃豆煎餅

自製豆漿後,剩下來被擠乾水分的豆渣,是非常有營養的喔!甚至很多人花大把鈔票,就是為了補充這些黃豆纖維,所以千萬別浪費。

寶寶手指食物　份量:10～12個

這道菜有影片教學喔!

材料
麵粉 20g
黃豆渣 50g
雞蛋 1 顆
配方奶或母奶約 30ml
奶油 10g

做法
1. 將所有材料混和均勻,調成如蜂蜜質地的麵糊。
2. 取一平底鍋,抹上薄油,將舀一匙麵糊壓成厚度約 0.5 公分的小圓餅、煎熟,起鍋前將奶油放進鍋中一起融化即可。
3. 完成的煎餅可以分裝密封,冷藏保存 2 天,冷凍保存 1 到 2 週。

美味秘訣!
- 若喜歡其他口味也可將配方奶或母奶以果汁取代,例如柳丁汁、葡萄汁等。

鮮蝦燕麥嫩糕

軟嫩的鮮蝦燕麥糕，可以補充澱粉與蛋白質，同時又可以讓寶寶想自己動手吃，好吃又好玩呢！

寶寶手指食物　份量：約 225g

這道菜有影片教學喔！

材料
新鮮帶殼蝦 6 隻
（約 150g）
燕麥片 25g
玉米 50g
飲用水 200ml

做法
1. 燕麥片先用飲用水略微清洗。
2. 鮮蝦去頭尾，剝殼、剔除腸泥。
3. 玉米加水，用調理機／攪拌棒打泥，再用篩網過濾，取細緻的玉米泥。
4. 將玉米泥、蝦仁、燕麥一起打成泥狀，放入底部鋪烘焙紙的蒸器中，中火蒸 25 分鐘。如果用電鍋的話，外鍋請放 1 杯半水蒸煮。
5. 蒸熟後瀝乾多餘的水分，取出倒扣放涼，切成小方塊即可。
6. 密封保存，冷藏可保存 2 天，冷凍可保存 1 到 2 週。

美味秘訣！
- 如果不能吃蝦的寶寶，也可以直接用魚肉或雞肉等比例做替換。

小金魚餛飩湯

針對不愛吃肉的寶寶,可以將富有高蛋白質的豬絞肉,包成一隻隻可愛的小金魚,看起來充滿童趣,也有效吸引住寶寶的目光,讓用餐變成輕鬆又好玩的事情。

寶寶手指食物　份量:約 30 隻小金魚餛飩

這道菜有影片教學喔!

材料
豬瘦細絞肉 30g
甜菜根汁 10ml
蔬菜高湯 300ml
餛飩皮適量

做法
1. 細絞肉和甜菜根汁混和攪拌均勻;餛飩皮先切一半,成兩個三角形。
2. 把混和好的絞肉,取 1 小湯匙放於餛飩皮上,一顆顆捏成金魚形狀。
3. 捏好的餛飩放入煮沸的蔬菜高湯中煮熟,待浮起即完成。
4. 生餛飩密封冷凍保存,可保存 1 週。

美味秘訣!
- 除了甜菜根汁之外,媽媽也可以使用菠菜汁、胡蘿蔔汁等與絞肉混和,製作彩色小金魚。

玉米蛋糕

玉米含有蛋白質、醣、膳食纖維、類胡蘿蔔素、硒、鎂、鐵、磷等營養素。一片片帶著淡淡玉米甘甜味的小蛋糕，不加糖也不用泡打粉，是手指食物也是寶寶最愛的下午茶點心之一。

這道菜有影片教學喔！

寶寶手指食物　份量：約 6～8 片

Part 3 副食品實戰篇｜第二階段：副食品中期（7～9個月）→ 小金魚餛飩湯、玉米蛋糕

材料
雞蛋 1 顆
低筋麵粉 60g
玉米粒 50g
配方奶或母奶 100ml
微波或隔水加熱融化的奶油 5ml

做法
1 將雞蛋的蛋黃和蛋白分離；低筋麵粉過篩；玉米粒加配方奶或母奶，打成泥後再用篩網過濾。
2 將玉米奶、蛋黃和融化奶油拌勻，再加入麵粉攪拌均勻。
3 蛋白用打蛋器，快速攪打成乾性發泡，尾端拉起成尖狀不變形即可。
4 先舀一半的蛋白到玉米麵粉糊中，快速用切、拌的方式，將麵糊拌勻，然後再加入剩下的蛋白，快速拌勻。
5 平底鍋開中火，倒入玉米糊，雙面個別煎熟即完成。
6 煎好的小蛋糕，密封保存，冷藏保存 2 天，冷凍保存 1 週。

美味秘訣！
● 冷凍後的玉米蛋糕，只要回溫後即可食用，也可以用小烤箱加熱 1 分鐘，溫溫吃也可以。

棒棒糖饅頭

地瓜含有蛋白質、醣、膳食纖維、類胡蘿蔔素、維生素 A、B、C、鈣、磷、銅、鉀等營養素，揉成繽紛可愛的雙色棒棒糖饅頭，好吃又好玩，能夠提昇寶貝用餐的心情與開心的氣氛呢！

寶寶手指食物　份量：約 2 支

材料
中筋麵粉 100g
紫地瓜 30g
速發酵母 2g
飲用水 30ml

電鍋外鍋：
1 杯水

做法
1. 紫地瓜削皮、洗淨、蒸熟後，與水 30ml 攪打成泥狀。
2. 地瓜泥、35g 中筋麵粉、1g 酵母一起揉約 5～10 分鐘，揉成均勻成光滑不沾手的麵團，如果麵團太乾就加水，太濕就加麵粉慢慢調整。
3. 另外 65g 中筋麵粉，也加適量冷飲用水與 1g 酵母，揉成不黏手原色的麵團。
4. 將兩個麵團放入碗中，包著保鮮膜，先以 50℃發酵 1 小時（可放入電鍋切保溫模式），會變成兩倍大，撕開來有漂亮的氣孔即是發酵成功。
5. 再重整一次麵團揉出氣泡後，搓成長條狀後並綁成麻花條，再捲成棒棒糖狀，放在烘焙紙或蒸籠布上，麵團之間要保有距離以免發酵時沾黏，再以 50℃發酵 1 小時（可放入電鍋切保溫模式），麵團會再度變成兩倍大。
6. 用電鍋（外鍋 1 杯水）或蒸籠中大火蒸 10～15 分鐘，關火後燜 3 分鐘再開蓋即完成。
7. 多餘的饅頭可以密封冷藏保存 3 天，冷凍保存期限為 1 到 2 週。

美味秘訣！

- 建議冷凍保存為佳，冷藏室保存時，水分容易被蒸發，饅頭會變乾不好吃。
- 紫地瓜泥也能替換成青菜泥、南瓜泥等等，就能變化成不同顏色棒棒糖饅頭。

Movie　饅頭做法請參考「手揉地瓜饅頭」詳見 P200。

糙米小披薩

糙米保存了完整的稻米營養，富含蛋白質、脂質、纖維及維生素B1等，是比白米更健康的食物。不過一般小孩比較不喜歡糙米的口感，所以K力運用了一點巧思，把它製成孩子最愛的披薩，抓著吃，孩子都會很棒場。

寶寶手指食物　份量：約可做3個直徑8公分的小披薩

材料
馬鈴薯 50g
糙米軟飯 50g
配料適量
披薩起司適量
乾淨飲用水少許

做法
1. 將配料先炒熟或蒸熟，切成0.2～0.3公分的小丁狀。
2. 馬鈴薯蒸熟、壓成泥後，與糙米軟飯混和均勻。
3. 將雙手沾飲用水，把馬鈴薯糙米泥搓成一顆乒乓球大小的球狀，再壓扁。
4. 取一平底鍋，開小火，塗上一層薄薄食用油，放上馬鈴薯糙米餅，再放上配料與起司，蓋上鍋蓋煎1～2分鐘，完成取出。
5. 捏好的餅皮可以分裝保存，一層烘焙紙放一個米餅，冷凍可保存2週。

美味秘訣！

- 冷凍的餅皮需要食用時，可以拿出來直接放上配料，小火煎3分鐘即完成。
- 用糙米和馬鈴薯做成的小披薩，可以放上寶寶喜歡的配料，做成不同的口味，像是鳳梨蘋果丁起司、青醬雞丁起司、番茄玉米起司，餐餐都可以快速變化喔！

Part 3　副食品實戰篇｜第二階段：副食品中期（7～9個月）→棒棒糖饅頭、糙米小披薩

香蕉鬆餅

這個食譜在媽媽界一直很火紅,雖然稱作鬆餅,但是不加麵粉不加糖,靠香蕉的天然甜味來製作,是很自然健康的快速料理,孩子肚子餓時來一盤當點心,既好吃又方便。

寶寶手指食物　份量:約 6～8 片

材料
香蕉 1 根
雞蛋 2 顆
水果丁適量

做法
1 將香蕉剝小塊和雞蛋一起用調理機或攪拌棒打成泥,再加入水果丁拌勻。
2 取一平底鍋,開小火的,取一小匙麵糊於鍋中。
3 將兩面煎熟即完成。
4 雞蛋料理建議當餐食用完畢,風味最佳。

美味秘訣!

- K 力家最喜歡的方式就是加上水果丁,讓鬆餅酸酸甜甜更有口感,孩子也非常喜歡呢!

牛肉米腸

擁有豐富澱粉與蛋白質的牛肉米腸，軟嫩、好吃、易握取，很適合當寶寶的手指食物。大人要吃可以稍微煎香，代替早餐的熱狗食用，非常健康。

寶寶手指食物　份量：約 100g

材料
牛菲力 50g
中筋麵粉 5g
太白粉 1g
蛋白半顆
熟白飯 50g

做法
1. 先將牛肉切小塊，再與麵粉、太白粉、蛋白、白飯一起用調理機打成泥狀。
2. 把牛肉泥裝入袋子中，角落剪一缺口（約小拇指粗），在盤中擠成 3～4 公分的長條狀。
3. 放入電鍋或蒸籠，大火蒸 20 分鐘呈凝固狀即完成。
4. 密封後，冷藏保存 2 天，冷凍保存 1 週。

美味秘訣！
- 白飯也能替換成糙米飯、五穀米飯等。
- 也能換成雞肉或豬肉來製作，替孩子補充不同的蛋白質。

> 寶寶的健康點心

紅棗黑木耳露

現代人健康意識抬頭，市面上也越來越多黑木耳產品。而這道養顏美容、提升抵抗力又幫助排便的紅棗黑木耳露，製作簡單，微甜順口，通常寶寶會很愛喔！如果不喜歡淡淡的辛辣味，也可以不加嫩薑。

寶寶的健康點心 份量：約 375ml

這道菜有影片教學喔！

材料
紅棗去核 5 顆
黑木耳 90g
嫩薑 1g
黑糖 30g
乾淨飲用 250ml

電鍋外鍋：
2 杯水

做法

1. 嫩薑削去外皮，切片或切絲；黑木耳切除蒂頭，仔細搓洗乾淨後再切條；紅棗清洗過後去核，把材料一起放入電鍋中，加 500ml 水，外鍋加 2 杯水，按下開關煮熟（高溫煮熟，才能提高膳食纖維的溶解度，有助吸收利用），電鍋跳起後先放至微溫。
2. 將材料放入果汁機中，攪打成泥狀，若喜歡有點顆粒感的，就不需要打太久。
3. 然後再倒回湯鍋中，加入黑糖，把材料煮至溶解並煮滾，寶寶吃起來更安全。
4. 這道飲品可當作點心給予，大人小孩都可以一同享用。冷藏保存 5 天，冷凍保存 2 週。

水果豆花

手邊若沒有鹽滷可以凝結豆花，不妨可以改用吉利丁做凝結，也能迅速做出好吃的豆花喔！

寶寶的健康點心　份量：約 450ml

這道菜有影片教學喔！

材料
豆漿 400ml
吉利丁 3 片
細砂糖 40g
水果適量
蜂蜜、黑糖蜜或楓糖適量

做法
1 吉利丁泡冰水 1 分鐘，擰乾水分。
2 豆漿開中大火，倒入砂糖攪拌至溶化（豆漿不需煮滾），關火，放入吉利丁片用餘溫溶解，攪拌均勻至融化。
3 將豆漿倒入模型中，冷藏 4～8 小時至定型。
4 用乾淨湯匙舀出適量豆花、放上水果、加黑糖蜜或楓糖適量。
5 豆花密封後可冷藏保存 3 天。

Part 3　副食品實戰篇｜第二階段：副食品中期（7～9 個月）→紅棗黑木耳露、水果豆花

綠豆湯佐芭樂凍

夏天水分流失快，如果寶寶不愛喝水，可以製作這道點心，消暑退火又能補充水分，全家大小都可以一起吃喔！

寶寶的健康點心　份量：約 3～5 人

這道菜有影片教學喔！

材料

芭樂凍：
芭樂含籽 200g
飲用水 200ml、
砂糖 30g
吉利丁 4 片

電鍋內鍋：
泡水 2 小時的綠豆 200g
飲用水 500ml
砂糖 40g
鹽 2g

電鍋外鍋：
1 杯水

做法

1. 綠豆加入 500ml 冷水，外鍋用 1 杯水，放入電鍋蒸煮。
2. 吉利丁片泡冰水 1 分鐘，擰乾水分。
3. 芭樂洗淨切塊，加入砂糖 30g、冷水 200ml，一起打成泥狀。
4. 取一湯鍋，開中火，倒入芭樂汁，加入吉利丁片，攪拌均勻至溶解（不需要煮滾），放入模型中，冷藏 6～8 小時形成固態。
5. 煮好的綠豆湯趁熱加入鹽 2g、砂糖 40g，攪拌均勻至溶解。
6. 將綠豆湯與芭樂凍盛入容器中即可。
7. 密封後，冷藏保存 5 天。綠豆湯可以冷凍保存 2 週。

天然起司

給寶寶哪種起司最好？只要是加工食品，多少都會有包裝污染的疑慮，所以如果時間允許，不妨試試這道簡易起司，只需要 5 分鐘就完成，非常方便喔！

這道菜有影片教學喔！

寶寶的健康點心　份量：約 300g

材料
全脂牛奶 1000ml
檸檬汁 45ml
（可製作約男性拳頭大小般的起司分量）

做法
1. 新鮮檸檬切半榨汁，取檸檬汁 45ml。
2. 準備一湯鍋，開中小火，倒入牛奶和檸檬汁，稍加攪拌煮 2 分鐘。
3. 當出現乳、水分離時，即刻關火。用篩網過篩牛奶液，分離起司和乳清。
4. 自製起司，有新鮮的淡淡乳香味道，密封後可以冷藏保存 5 天。

美味秘訣！
- 月齡 9 個月以上的健康寶寶可以少量嘗試，但因為起司本來就是牛奶製品所以建議容易過敏或嚴重異位性皮膚炎的寶寶，1 歲過後再適量攝取。
- 製作起司剩下的乳清也十分營養，可以直接喝或跟水果打成果汁。
- 起司含有鈣質，食用方法可以單吃，或拌入倍粥、軟飯或義大利麵一起吃，也可以夾吐司、做蛋捲、甚至當沙拉裡的其中一種材料，變化多端。

Part 3
副食品實戰篇｜第二階段：副食品中期（7～9 個月）｜綠豆湯佐芭樂凍、天然起司

第三階段：副食品後期重點檢查（10～12 個月）

副食品後期方式 & 餵食檢查重點

- 10 到 11 個月大的寶寶，料理的稠度要落在三倍粥至稠粥（1 杯米＋2～3 杯水的稠度）之間，不需要打泥，食材也切至 0.4cm 大小即可。

- 12 個月的寶寶，通常吞嚥與咀嚼能力都非常好了，會用牙齦或門牙來咬食物，以吃飯來說，都可以吃「炊飯」（1 杯米＋1.5 杯水的軟硬度）或者直接和大人一起吃米飯，所以這階段設計的食譜，都是偏「大片狀」的食物，讓寶寶自己拿取、咬下和咀嚼、吞嚥。

- 這階段的寶寶爬行很快，甚至有些已經會走路了，因為活動力很大，所以一般來說已經要吃「三餐副食品」＋「兩次點心」，副食品約 100～150ml，點心約 50～80ml，母奶或配方奶總量約 500～700ml，一天喝三～四次。

- 有些寶寶吞嚥咀嚼學習快，所以喜歡更有口感的食物（濃粥或軟飯），因此想先嘗試下一階段的料理，也是沒有問題的喔！只是要注意寶寶在吃的時候，大人一定要在旁邊照顧觀看，以免發生危險。

10～12 個月的寶寶吞嚥及咀嚼能力都非常好，可以自己進食了。

12月後的寶寶作息示範

時　間	飲　食
06：00～07：00	母奶／配方奶
08：00～09：00	早餐
10：00～10：30	小睡
11：30～12：30	午餐，吃完後可補母奶／配方奶
13：00～14：30	午睡
15：00～15：30	點心，母奶／配方奶
18：30～19：30	晚餐
20：30～21：30	母奶／配方奶，刷牙睡覺

Part 3

副食品實戰篇─第三階段：副食品後期（10～12個月）

滿 10～12 個月的副食品計畫表

每天吃「三餐副食品」+「一或兩次點心」，每餐副食品份量約 100～150ml，每餐點心約 50～80ml。

	星期一	星期二	星期三
第 1 週	鮮百合黑棗濃粥 蝦仁飯蒸蛋 雞肉珍珠麵	鮮百合黑棗濃粥 蝦仁飯蒸蛋 雞肉珍珠麵	牡蠣芹菜濃粥 寶寶肉燥濃粥 百合牛肉濃粥
第 2 週	馬鈴薯沙拉 香濃鮭魚起司燉飯 百合牛肉濃粥	馬鈴薯沙拉 香濃鮭魚起司燉飯 百合牛肉濃粥	蔥花蛋餅 番茄肉醬義大利麵 虱目魚起司棒濃粥
第 3 週	蛋香米餅 山藥魚肉蒸糕 鮮蝦節瓜餛飩麵線	蛋香米餅 山藥魚肉蒸糕 鮮蝦節瓜餛飩麵線	蘿蔔糕 馬鈴薯麵疙瘩 雞肉番茄起司燉飯
第 4 週	地瓜饅頭 豬肉豆芽香菇炊飯 虱目魚洋蔥炊飯	地瓜饅頭 豬肉豆芽香菇炊飯 虱目魚洋蔥炊飯	地瓜饅頭 豬肉豆芽香菇炊飯 虱目魚洋蔥炊飯

● 早餐 ● 中餐 ● 晚餐

星期四	星期五	星期六	星期日
牡蠣芹菜濃粥	滑蛋牛肉濃粥	滑蛋牛肉濃粥	滑蛋牛肉濃粥
寶寶肉燥濃粥	肉鬆野蔬濃粥	肉鬆野蔬濃粥	肉鬆野蔬濃粥
百合牛肉濃粥	蛤蜊番茄起司燉飯	蛤蜊番茄起司燉飯	蛤蜊番茄起司燉飯
蔥花蛋餅	芝麻翡翠飯糰	芝麻翡翠飯糰	芝麻翡翠飯糰
番茄肉醬義大利麵	山藥秋葵蓋飯	山藥秋葵蓋飯	山藥秋葵蓋飯
虱目魚起司棒濃粥	牛肉菇菇雜炊燉飯	牛肉菇菇雜炊燉飯	牛肉菇菇雜炊燉飯
蘿蔔糕	玉米南瓜溫沙拉	玉米南瓜溫沙拉	玉米南瓜溫沙拉
馬鈴薯麵疙瘩	黃瓜山藥肉丸濃粥	黃瓜山藥肉丸濃粥	黃瓜山藥肉丸濃粥
雞肉番茄起司燉飯	雞腿蒜苗炊飯	雞腿蒜苗炊飯	雞腿蒜苗炊飯
義大利蔬菜烘蛋	義大利蔬菜烘蛋	麵線烘蛋	麵線烘蛋
番茄肉醬濃粥	番茄肉醬濃粥	肉燥什蔬燉飯	肉燥什蔬燉飯
奶油玉米糕	奶油玉米糕	牛肉秋葵濃粥	牛肉秋葵濃粥

Part 3

副食品實戰篇 ─ 第三階段：副食品後期（10～12個月）

滿 10～12 個月寶寶的食譜

鮮百合黑棗粥

每年 10～12 月是百合的生產季節，它是鎮咳的天然優質食材，但是因為本身帶點苦味，所以通常寶寶都不太賞臉，因此加入黑棗一起熬煮，寶寶的接受度就會大大提高囉！

滿十、十二個月寶寶　份量：約 900ml

這道菜有影片教學喔！

材料
白飯 200g
新鮮百合 1 顆
黑棗（加州梅）6 顆
飲用水 600ml

做法
1 將新鮮百合一瓣瓣剝下來，清洗乾淨，外瓣若有變黑的小斑點，是碰撞氧化現象，還是可食用；黑棗去籽。
2 果汁機放入黑棗與飲用水，打成泥狀，再加入白飯與鮮百合，略微攪打數下，保留顆粒感。
3 準備一湯鍋，開大火，放入打好的鮮百合黑棗粥，煮滾後轉小火，邊攪拌邊慢熬 5 分鐘。也可以自行增減水分調濃稠度。
4 密封後，冷藏保存 3 天，冷凍保存 2 週。

美味秘訣！
- 如果要給 6～9 個月的寶寶吃，就可以把食材稍微打碎一點，然後再多加點水熬（約六～八倍粥）煮適合的濃稠度即可。
- 比較要注意的是因為百合含有植物鹼成分，所以一定要煮熟才能吃。

香濃滑蛋牛肉粥

吃滑蛋牛肉粥，習慣一定要看到黃澄澄滑潤的蛋花，才會覺得廚師合格。這一碗粥有數種咀嚼的口感，香濃的滑蛋、顆粒分明的牛肉還有柔軟的蔬菜，滋味豐富營養均衡很適合現煮給寶寶吃。

滿十、十二個月寶寶　份量：約 150ml

這道菜有影片教學喔！

材料
- 紅藜粥 120m
- 牛肉 2 片
- 杏鮑菇半支
- 香菇 2/3 朵
- 雞蛋半顆
- 洋蔥 10g
- 蔥 1 支
- 飲用水適量

做法

1. 杏鮑菇、香菇及牛肉切碎；洋蔥切丁、青蔥切蔥花；雞蛋打散，備用。
2. 準備一湯鍋，放入飲用水與洋蔥，開大火煮滾後轉小火煮 3 分鐘，再加入杏鮑菇、香菇煮 3 分鐘，然後加入紅藜粥煮滾並煮到合適濃稠度後，加入牛肉、蔥花、蛋液，轉大火煮 15 秒，不要用力攪拌，只要稍微移動湯杓 3 到 5 下，確保牛肉和蔥花都有煮熟才給寶寶吃。
3. 可以先將牛肉粥煮好（不加蛋），冷凍可保存 1 至 2 週。

美味秘訣！

- 冷凍粥品要吃的時候只要前一晚從冷凍庫移至冷藏室解凍，解凍後放入鍋中煮滾再淋上半顆蛋花加熱，即可完成。

百合牛肉濃粥

有鎮咳潤肺功效的新鮮百合,若烹飪的時間不長,會帶點爽脆的口感,讓寶寶食用時有更多的口感刺激。

滿十、十二個月寶寶　份量:約 250ml

這道菜有影片教學喔!

材料
濃粥 200ml
(1 杯米 + 2～3 杯水的稠度)
鮮百合 40g
牛肉絲
青蔥切花 1 支

做法
1. 鮮百合一瓣瓣剝下,清洗乾淨後切碎成適合寶寶入口的大小。青蔥洗淨切蔥花,牛肉絲適當切碎。
2. 準備一湯鍋,放入百合與粥,邊煮邊攪拌 5 分鐘,如果太濃,也可以適當加點飲用水調整濃稠度,再加青蔥與牛肉煮 1 分鐘即完成。
3. 密封後,冷藏保存 2 天,冷凍保存 1 到 2 週。

美味秘訣!
- 10、11 個月大的寶寶,一般來說都有能力吃濃粥了。有時候一口餵太多,比較容易嗆住,所以可以選匙面大小適合寶寶的餐具,甚至可以讓寶寶學習自己用餐。

牡蠣芹菜濃粥

芹菜的嫩葉，不管是胡蘿蔔素、維生素B1、C與鈣和蛋白質都比芹菜莖豐富，不過因為葉子帶點苦味，因此建議選擇嫩葉給寶寶吃。芹菜很適合和海鮮一起搭配，中卷、透抽、蛤蜊或這次示範的牡蠣，都很適合。

滿十、十二個月寶寶　份量：約2人

這道菜有影片教學喔！

材料
牡蠣適量
芹菜嫩葉和梗 20g
紅蔥頭兩瓣
薑泥少許
豬油 1 小匙
濃粥 1 碗
鹽和胡椒適量（寶寶吃可省略）

做法
1. 芹菜清洗過後，挑選嫩葉與嫩梗部位，切末；紅蔥頭剝皮切碎；牡蠣用流動清水，清洗乾淨。
2. 準備一湯鍋，開中火倒入適量烹飪油，油溫升高後加入紅蔥頭與薑泥煸至香味釋出後，加入牡蠣炒2分鐘約8分熟，再加入濃粥，可試情況加入飲用水調整濃稠度，粥滾後加芹菜末，大約再煮1分鐘，最後加鹽和胡椒調味即可。
3. 海鮮食材一定要煮熟，市售牡蠣有大有小，建議先煮大顆牡蠣，再加小顆牡蠣，才不會造成半生不熟，有危險疑慮。
4. 海鮮料理建議當餐食用完畢，風味最佳。

美味秘訣！
- 生牡蠣的保存方法，不需清洗，直接將生牡蠣與本身汁液一起密封冷凍，可保存1週。

山藥秋葵蓋飯

山藥直接磨泥食用，是很常見的日式吃法。其中山藥的黏液有許多抗氧化與抗發炎的營養素，還有幫助消化的功能，但是生食山藥對寶寶比較有安全疑慮，因此建議照著食譜示範，先燙過再磨泥。

滿十、十二個月寶寶

份量：可親子共食，約一大一小份量

這道菜有影片教學喔！

材料
白飯 1 碗
秋葵 4～6 支
山藥 1 段
海苔絲適量
醬油 2.5ml（可省略）

做法
1. 將山藥削皮、秋葵清洗乾淨。
2. 準備一鍋滾水，先放入秋葵煮 45～60 秒，再加入山藥一起煮 20 秒，撈起瀝乾。秋葵切斜片，山藥磨成泥狀，備用。
3. 把磨好的山藥加上秋葵，淋在白飯上，再適量調味，灑上海苔絲即完成。

美味秘訣！
- 要吃的時候再做這道食譜，當餐食用完畢，風味與營養度最佳。
- 如果寶寶咬不動秋葵，可以用剪刀剪小片像小星星後再餵食。

馬鈴薯沙拉拌豆漿美乃滋

這道家常的馬鈴薯沙拉，雖然一般卻非常美味，而關鍵就在於食材的比例，比例對了，簡單的料理也能成為孩子最喜歡的菜色之一。

滿十、十二個月寶寶　份量：可親子共食，約一大一小份量

這道菜有影片教學喔！

材料
馬鈴薯 200g
紅蘿蔔 50g
小黃瓜 50g
雞蛋 1 顆
鹽適量
黑胡椒適量
美乃滋 2 大匙

電話外鍋：
1 杯水

做法
1. 馬鈴薯、紅蘿蔔洗淨削皮；小黃瓜洗淨，各切成 1 公分丁狀。
2. 生雞蛋放入墊有濕紙巾的小碗中，紅蘿蔔和馬鈴薯放盤中，一起放入電鍋蒸熟。
3. 另外準備一鍋滾水，汆燙小黃瓜約兩分鐘，撈起瀝乾。
4. 備一大碗，放入剝殼雞蛋、美乃滋、鹽和胡椒，用叉子壓碎並攪拌均勻。再放入瀝非常乾的馬鈴薯、紅蘿蔔與小黃瓜，拌至均勻即完成。
5. 密封後，冷藏保存 2 天，因為黃瓜會持續出水，建議儘早食用完畢。

美味秘訣！
- 口感分明，適合 1 歲後寶寶練習咀嚼食用，或者將所有材料直接壓泥（不需切丁）也可以讓月齡 10M 的寶寶嘗試。
- 美奶滋做法請參考「豆漿松子美乃滋」詳見 P75。

Part 3　副食品實戰篇｜第三階段：副食品後期（10～12個月）→山藥秋葵蓋飯、馬鈴薯沙拉拌豆漿美乃滋

蛤蜊番茄起司燉飯

蛤蜊、番茄和起司是非常搭配的經典組合，鹹酸香滋味充足，大人小孩都很愛呢！

滿十、十二個月寶寶　份量：2～3人

這道菜有影片教學喔！

材料

白飯 280g
番茄 130g
蛤蜊 300g
鮮奶油 25ml
帕馬森起司適量
蒜頭 15g
洋蔥 30g
花椰菜 100g
月桂葉 1片
九層塔 5g
蘑菇 2朵

做法

1. 蛤蜊先泡水吐沙；蒜頭剝皮切片；洋蔥切小丁碎狀；蘑菇洗淨後切片；牛番茄洗淨切塊；花椰菜清洗後切成適當大小的朵狀；九層塔洗淨略微切碎。

2. 準備一平底鍋開中大火，倒入適量烹飪油，將洋蔥與蒜頭炒軟至半透明微黃，加入蘑菇與花椰菜炒1分鐘讓蘑菇上色，再加入番茄、月桂葉、蛤蜊、水，當一半的蛤蜊開殼後，加入白飯，邊炒邊拌均勻，當全部的蛤蜊殼都打開後，再加入鮮奶油、起司粉，轉小火炒1分鐘，最後加九層塔，快速炒15～20秒，增添香氣，上桌前再灑上起司粉。

3. 海鮮料理適合當餐食用完畢，如果想多做一點，可以先準備燉飯（不加蛤蜊），密封後冷凍可保存1到2週。要吃的時候，再將燉飯加熱和蛤蜊蒸或炒熟，一起拌勻。

美味秘訣！

● 一般料理蛤蜊時會認為蛤蜊打開就是煮熟了，的確這時的蛤蜊最鮮美。但是若給寶寶吃，建議打開後，再繼續加熱15～30秒，確保100%完全煮熟，較安全。

雞腿蒜苗炊飯

蒜苗含有豐富的維生素C以及蛋白質、胡蘿蔔素、硫胺素、核黃素等，味道比大蒜多了一股清香，寶寶的接受度比較高。雞腿部位比雞胸肉更有油脂與口感，開始能吃軟飯的寶寶，表示咀嚼能力發展不錯，這時候也可以準備這道親子料理，只要電鍋鍵按下去，大人小孩同時開飯。

滿十、十二個月寶寶　份量：3～4人

這道菜有影片教學喔！

材料
去骨雞腿 1 支
白米 1 杯
飲用水 1～1.5 杯
蒜苗 1 根
洋蔥和紅蘿蔔適量
玉米筍 3 根
蘑菇 3 朵
香菇 2 朵
鴻喜菇適量
寶寶醬油 1 大匙

電鍋外鍋：
1 杯水

做法
1. 生米略微洗淨後，加入1到1.5倍的飲用水量，浸泡30分鐘。
2. 雞腿切成小塊狀、蒜苗洗淨切碎，備用。
3. 準備平底鍋，倒入適量烹飪油，油溫升高後放入雞腿，煎炒15～30秒至表面上色後，再加入蒜苗、寶寶醬油調味，翻炒15秒讓醬料稍微收汁融合，這時雞肉大約2分熟，放置一旁備用。
4. 將洋蔥、紅蘿蔔、玉米筍、蘑菇、香菇、鴻喜菇個別洗淨處理後，切碎成適合寶寶咀嚼的大小，與做法3放入白米鍋內攪拌均勻，放入電鍋中，外鍋加1杯水蒸煮，電鍋開關跳起後燜10分鐘再開蓋即完成。
5. 給寶寶吃之前，可以將材料剪成0.5公分大小。密封後冷藏保存2天，冷凍保存1到2週。

美味秘訣！

- 喜歡吃軟飯的可加 1.5 杯飲用水，喜歡白飯口感的就加 1 杯飲用水。

Part 3　副食品實戰篇｜第三階段：副食品後期（10～12個月）→ 蛤蜊番茄起司燉飯、雞腿蒜苗炊飯

雞肉珍珠麵

這道食譜比較費工，但是顏色繽紛，有澱粉、蛋白質與豐富的纖維，很能引起寶寶的食慾，酸酸甜甜的雞肉珍珠麵，口感和風味都很豐富，也能幫助寶寶練習咀嚼能力。

滿十、十二個月寶寶　份量：約2人

這道菜有影片教學喔！

材料
中筋麵粉 50g
冷水 25ml
番茄 40g
地瓜 40g
櫛瓜 40g
雞里肌 40g
乾淨飲用水適量

做法
1. 中筋麵粉加冷水，搓揉成不黏手麵團，然後捏出一顆顆米粒大小的米麵，灑下一層薄麵粉後過篩，避免沾黏。
2. 番茄洗淨後，底部劃十字放入滾水中煮30～60秒，再去皮；地瓜去皮洗淨；櫛瓜洗淨去蒂頭；準備雞里肌，將以上的材料都切成米粒大小的丁狀。
3. 準備一炒鍋，開中火倒入適量烹飪油，先放番茄丁翻炒1分鐘，再加入雞肉和地瓜略微翻炒，加適量水煮滾，再加入珍珠麵與櫛瓜，滾後轉小火煮10分鐘，炒至合適濃稠度即可。
4. 煮好的雞肉珍珠麵，密封後可冷藏保存2天，冷凍保存1週。

美味秘訣！
- 麵粉類製品放太久時間會生蟲，因此要選擇製造日期新鮮的，開封後的麵粉也要密封保存，隔絕空氣，儘早使用完畢。

義式番茄肉醬義大利麵

一般正統的義式番茄肉醬會用紅酒來熬煮，但是給寶寶吃的不能加紅酒熬煮。此外，為了讓寶寶營養均衡，所以降低絞肉比例、增加蔬菜的比例。

這道菜有影片教學喔！

滿十、十二個月寶寶　份量：番茄肉醬約 400g

材料
- 絞肉 100g
- 牛番茄 2 顆 (約 200g)
- 洋蔥 50g
- 高麗菜 50g
- 蒜頭 1 瓣
- 乾燥香草適量
- 月桂葉 1 片
- 水或高湯適量
- 烹飪油適量
- 義大利麵 100g

做法
1. 蒜頭剝皮、切碎；洋蔥剝皮、切小丁；番茄底部劃十字，放入滾水中燙 30～60 秒，或者泡溫水 30 分鐘，再泡冰水去皮、切塊，然後打泥或切碎。
2. 取一平底鍋，開大火，倒入適量烹飪油，油溫升高後轉小火，加入洋蔥和蒜頭炒軟，再加入絞肉炒至上色沒有血色，續入高麗菜拌炒 1 分鐘，然後加入番茄略炒，加入水或高湯、香草、月桂葉一起煮滾，滾後轉小火熬煮 15 分鐘，濃縮成適當濃稠度即可。
3. 義大利麵煮熟瀝乾水分，拌入番茄肉醬即完成。
4. 煮好的番茄肉醬和義大利麵可以「分開」分裝冷凍保存。密封後，冷藏保存 3 天，冷凍保存 1 到 2 週。

美味秘訣！

- 義大利麵較有嚼勁，口感十足，要確認寶寶接受顆粒狀並會咀嚼後才給予。這裡 K 力選用的是數字義大利麵，煮起來大小適中，很適合當寶寶義大利麵的入門食物。
- 番茄肉醬拌軟飯或倍粥，餐餐變化不同的主食口味。

Part 3　副食品實戰篇｜第三階段：副食品後期（10～12個月）→雞肉珍珠麵、義式番茄肉醬義大利麵

馬鈴薯麵疙瘩

馬鈴薯麵疙瘩（Gnocchi），源自於義大利中東地區，後來因為羅馬帝國擴張，而被帶到其他歐洲地區。每個地區的做法與比例稍有不同，但必備原料是馬鈴薯、雞蛋與麵粉，做好的Gnocchi 鬆軟綿香非常適合寶寶吃。

滿十、十二個月寶寶 　份量：約 280g

這道菜有影片教學喔！

材料
馬鈴薯 200g
蛋黃 1／2 顆
中筋麵粉 65g
鹽適量
荳蔻粉適量（可省略）

做法

1. 馬鈴薯削皮、清洗後，切小塊，放入電鍋，外鍋 1 杯水蒸熟。如果用水煮法則是先清洗、不削皮，整顆放入湯鍋裡煮 15 ～ 25 分鐘，煮熟後再整顆剝皮。可以拿牙籤測試熟度，能順利插入馬鈴薯最深處，就是熟了。
2. 趁熱將馬鈴薯搗碎後，均勻灑上鹽，加入 1／3 麵粉搓揉均勻，再加入 1／3 麵粉繼續搓揉，最後加入剩餘的 1／3 麵粉與蛋黃，大約搓揉 3 ～ 5 分鐘，等麵疙瘩能搓成棒條狀且不斷裂時，麵團就完成了。
3. 把麵團搓成長條狀，桌上灑些薄麵粉，再將麵團切成一顆顆 2 ～ 3 公分，用叉子壓一下做造型，表面灑點麵粉可以避免拿取時沾黏。
4. 準備一鍋水，水滾後轉中小火，放入麵疙瘩，煮熟的麵疙瘩會浮至水面，再以小火煮 1 ～ 2 分鐘，確認煮熟，就可以撈出瀝乾。密封後，冷藏保存 3 天，冷凍保存 2 週。

美味秘訣！

- 馬鈴薯麵疙瘩能再變化成白醬菇菇口味、義大利肉（紅）醬口味、海鮮紅醬口味、蛤蜊青醬口味、雞肉青醬口味等多種變化。

蔥花蛋餅

青蔥含有鈣、維生素 C、β 胡蘿蔔素、膳食纖維等營養素，Q 軟的餅皮夾著蔥蛋香，10 分鐘就能上菜。也可以捲入鮭魚、肉鬆、玉米、起司等，很適合當作寶寶早餐或點心喔！

這道菜有影片教學喔！

滿十、十二個月寶寶　　份量：2 人

材料

餅皮：
中筋麵粉 45g
玉米粉 15g
鹽 1／4 小匙
飲用水 150ml
蔥花 5g

蛋皮：
雞蛋 2 顆
牛奶 30ml
蔥花 5g
鹽 1／8 小匙

做法

1. 青蔥清洗乾淨，切成蔥花末。
2. 準備一碗做餅皮，放入餅皮材料，攪拌均勻至沒有顆粒狀後，靜置 15 分鐘。
3. 再準備另一碗，放入蛋皮材料攪拌均勻。
4. 取一平底鍋，入油燒熱，放入一匙餅皮後轉小火，雙面煎熟後取出備用。
5. 同一鍋繼續煎蛋液，蛋皮煎至 9 分熟後就可以蓋上剛剛做好的餅皮，捲起來切塊即可。
6. 雞蛋料理建議當餐食用完畢，風味最佳。

美味秘訣！

- 一次做 2 人份蛋餅，可以同時讓媽媽寶寶一起享用，簡單又方便。蛋餅切好後，可視情況剪小塊，讓孩子練習用湯匙吃，也比粥或飯好清理。
- 雞蛋選購時要選越小顆越好，表示母雞下蛋的年齡越小，健康狀況也較佳。

黃瓜鑲山藥肉丸

大黃瓜含有維生素A、B、C及醣類、膳食纖維、鈣、鉀、磷等營養素。裝填富有蛋白質與澱粉的山藥肉丸，可使寶寶的營養更為均衡。這道美味的料理很適合和家人及寶寶一起吃，是忙碌煮夫煮婦們一次準備全家晚餐的好方式。

滿十、十二個月寶寶　份量：約可做 6~8 個

這道菜有影片教學喔！

材料
豬絞肉 100g
山藥 100g
洋蔥 30g
紅蘿蔔 20g
大黃瓜 1 條
醬油 5ml
鹽和胡椒適量（可省略）

做法
1. 山藥、紅蘿蔔、洋蔥去皮切塊，放入電鍋蒸熟後放涼。一起放入切碎盒，加豬絞肉、醬油、鹽、胡椒，攪打成泥狀成餡料。若還沒用到，可先放冰箱冷藏。
2. 大黃瓜削皮、洗淨、切成約 2 公分段狀，挖掉種形成中空狀再填入餡料。
3. 放入電鍋，外鍋加 1 杯水蒸熟。如果用蒸鍋，約中火蒸 10～15 分鐘即可。
4. 密封後，冷藏保存 2 天，冷凍保存 1 週。

美味秘訣！

- 這道肉丸用豬絞肉加上山藥，口感會變得鬆軟，入口即化，不用擔心噎住的問題，也可以使用白蘿蔔、苦瓜挖空來製作。
- 在副食品後期 11、12 個月的寶寶，有些已經有足夠的咀嚼能力，可以吃大人的菜餚。這道大人可以直接吃，寶寶吃時只要將黃瓜鑲山藥肉丸剪碎拌在濃粥或軟飯中食用即可。

蘆筍沙拉

蘆筍含有醣、維生素A、B、C及鐵、鉀、鈣、鎂、磷等營養素。記得K力第一次做這道料理時，孩子們的眼睛為之一亮，興奮地拿著一根根蘆筍，學兔子比賽誰吃得快。有時候變換不同食材，讓孩子自己拿著吃，反而可以增進食慾及餐桌上的美好樂趣呢！

滿十、十二個月寶寶　份量：約兩人份

> 這道菜有影片教學喔！

材料
豆漿松子美乃滋適量
蘆筍（大根）適量

做法
1. 蘆筍洗淨、削皮，用手折法去除硬梗，切半。
2. 將蘆筍入滾水汆燙1到2分鐘，撈起瀝乾。
3. 蘆筍盛盤，淋上美乃滋即完成。
4. 煮過的蘆筍可以冷藏保存3天，冷凍保存1到2週。要吃之前先自然解凍10分鐘，淋上醬料即可上桌。

美味秘訣！

- 豆漿松子美乃滋做法請參考「豆漿松子美乃滋」詳見P75。
- 蘆筍也可替換成花椰菜、紅蘿蔔、馬鈴薯、南瓜、地瓜、玉米筍等蔬菜。

Part 3　副食品實戰篇｜第三階段：副食品後期（10～12個月）→黃瓜鑲山藥肉丸、蘆筍沙拉

蝦仁飯蒸蛋

雞蛋有豐富的蛋白質、脂肪、卵黃素、卵磷脂、維生素 A、B 等營養素，還有 DHA，能健腦益智。10 個月以上的嬰幼兒，一天吃 1 顆雞蛋，都是安全的。

滿十、十二個月寶寶 　份量：約 150g

這道菜有影片教學喔！

材料
白飯 50g
蝦仁 20g
小白菜 20g
雞蛋 1 顆
飲用水 50ml

電鍋外鍋：
1.5 杯水約 300ml

做法
1. 新鮮蝦仁去除腸泥後洗淨切碎；小白菜洗淨切碎。
2. 準備一蒸碗，放入雞蛋、白飯、蝦仁、小白菜與水，攪拌均勻。如果想要更快的方法，可將蝦子和白菜一起放入切碎盒，然後再手動攪拌均勻。
3. 放入電鍋或蒸爐中蒸熟，蒸好後將筷子插入中央深處，沒有沾黏的生蛋液即完成。
4. 這道料理有燉飯的口感，適合咀嚼能力好的寶寶。建議當餐吃完，風味最佳。

美味秘訣！
- K 力用 1 顆雞蛋快速做出一餐料理，是忙碌媽媽也能快速完成的懶人料理囉！
- 小白菜也能替換成白菜、櫛瓜等味道不強烈的蔬菜。

自製寶寶豬肉鬆

寶寶都很愛的肉鬆，K力建議媽媽一定要學會。自製的寶寶肉鬆，味道會比較接近肉的原味，相較於市售肉鬆，滋味稍嫌不夠，但是因為原料都是自己放入的，看得到摸得到，給寶寶吃起來會比較安心。

這道菜有影片教學喔！

滿十、十二個月寶寶　份量：約 150g

材料
豬里肌 200g
醬油 20ml
糖少許
鹽少許
烹飪油或豬油 20ml
八角 2 顆
白芝麻（可省略）
海苔（可省略）

做法
1. 豬里肌略微切開筋膜，再切片、切絲，放入電鍋，外鍋加 1 杯水，開關跳起即蒸熟。
2. 把肉放在砧板上，用烘焙紙上下蓋住，再用肉錘敲打豬肉，越鬆越好（包烘焙紙的用意是確保豬肉不會因敲打而肉汁噴飛，難清理）。
3. 準備一鍋子，開小火，放入豬肉，將水分炒至完全蒸發變成肉鬆樣，再慢慢加入醬油、糖、鹽、八角、芝麻，邊調味邊試味道；把水分炒乾後，加入油拌炒，用豬油會更香，最後取出放涼，可加些碎海苔也很好吃。
4. 密封後，冷藏保存 5 天，冷凍可保存 2 週。

美味秘訣！
- 做好的肉鬆可以直接灑在粥或軟飯上給孩子吃。如果是更大的寶寶，平常也可以變化成饅頭夾肉鬆蛋、吐司夾肉鬆蛋，直接做成早餐，是取代市售火腿、香腸的好食材之一。
- 也可以改成雞肉鬆或鮭魚鬆，做法相同，部位可挑雞胸肉或雞里肌肉。

寶寶肉燥

寶寶版的肉燥降低辛香料的用量，增加蔬果的份量，更健康。有菜有肉，餐餐都可以作變化，讓寶寶的營養攝取更均衡。

滿十、十二個月寶寶　份量：約 400g

這道菜有影片教學喔！

材料
豬絞肉 200g
寶寶醬油 20ml
蘋果 50g
香菇 50g
洋蔥 50g
紅蘿蔔 50g
烹飪油適量
飲用水適量

做法
1. 洋蔥和香菇一起切碎；紅蘿蔔和蘋果一起切碎，備用。
2. 準備湯鍋，開大火，鍋中加入適量烹飪油，油溫升高後先放洋蔥與香菇煸香炒軟至水分蒸發，加入豬絞肉一起拌炒。
3. 待豬肉表面上色，再加入紅蘿蔔、蘋果、醬油，炒至水分收乾、味道融合，加入適量飲用水，煮滾後轉小火，再慢熬 10～12 分鐘即完成。
4. 做好的肉燥可以冷凍分裝，要吃的時候再加熱。密封後，冷藏保存 3 天，冷凍保存 1 到 2 週。

美味秘訣！
- 10 個月大的寶寶吞嚥與咀嚼能力又更好了，可以開始做些顆粒更大的料理，來練習銜接下階段的能力。
- 煮好的肉燥可以拌入倍粥中，也可以加些燙青菜、雪白菇等等蔬菜，是一道適合媽媽快速上菜的副食品。
- 豬肉建議選低油脂的部位，如果在菜市場買，要請肉販絞細一點。

手指食物

麵線烘蛋

將台灣的麵線用西班牙馬鈴薯烘蛋 Tortilla 的做法製作，利用鍋蓋小火慢煎，就可以做出大小適合寶寶拿握，香軟 Q 彈，營養又均衡的麵線烘蛋。

寶寶手指食物　份量：約 2 餐

這道菜有影片教學喔！

材料
麵線 30g
雞蛋 1 顆
地瓜 7～8 片
燙熟切碎蔬菜適量

做法
1. 地瓜去皮洗乾淨，再用削皮刀將瓜肉削下 7、8 片。
2. 準備一鍋滾水，放入地瓜片與麵線，煮滾後轉中小火再煮 4 分鐘，撈起瀝乾，用菜刀或廚房剪刀略微切碎，置於一旁降溫備用。
3. 準備一大碗，放入雞蛋、麵線、地瓜、熟蔬菜攪拌均勻。
4. 取一不沾鍋，開中火，倒入適量烹飪油，油溫足夠後轉最小火，將麵線蛋糊全部倒入，均勻鋪平後蓋上鍋蓋，約烘 3 分鐘後，再翻面烘 2 分鐘，一定要用最小火慢慢烘蛋，才能避免燒焦。
5. 雞蛋料理建議當餐食用完畢，如果吃不完，請密封保存，冷藏保存 2 天，冷凍保存 1 週。

美味秘訣！
- 市售麵線來源多，請選用無鹽天然的寶寶麵線，成分單純也比較健康。

Part 3　副食品實戰篇｜第三階段：副食品後期（10～12 個月）→寶寶肉燥、麵線烘蛋

義大利蔬菜烘蛋

在富含蛋白質的雞蛋中，加入滿滿的蔬菜纖維質，讓這道富有豐富蔬果的異國菜色，不但美味，準備起來也非常便利。

寶寶手指食物 份量：3 人

這道菜有影片教學喔！

材料
雞蛋 3 顆
動物性鮮奶油 20ml
帕馬森起司 25g
洋蔥 30g
蘑菇 30g
櫛瓜 30g
甜椒 30g
烹飪油適量
鹽、黑胡椒（可省略）

做法
1. 洋蔥剝皮切碎；蘑菇清洗切碎；櫛瓜清洗切碎；甜椒清洗後去蒂頭和種籽再切碎。烤盤刷上一層薄奶油；烤箱預熱至 150℃。
2. 取一平底鍋，開小火，加入適量烹飪油，將切碎的蔬菜小火炒至水分蒸散。
3. 準備另一碗，放入雞蛋、鮮奶油、起司、適量的鹽和黑胡椒，再加入做法 2 炒好的蔬菜材料，攪拌均勻。
4. 將蔬菜蛋液倒入烤盤中，放入預熱好的烤箱，烤 15 分鐘後用牙籤插入蛋液中間，拿起牙籤沒有沾黏就表示烘蛋熟了，即可取出。
5. 雞蛋料理建議當餐食用完畢，風味最佳。

美味秘訣！
- K 力建議的吃法是一道蔬菜烘蛋再加上麵包，就是營養又均衡的菜色。

蛋香米餅

這道食譜有澱粉、蛋白質與纖維質，營養均衡可以當寶寶的正餐，也適合當擋餓的解饞點心，製作速度快又方便，料理者也會很輕鬆喔！

這道菜有影片教學喔！

寶寶手指食物　份量：約6片

材料

白飯 120g
雞蛋 1 顆
紅蘿蔔 10g
綠色蔬菜 10g
飲用水 15ml
烹飪油適量

做法

1. 將紅蘿蔔削皮清洗乾淨後，切細碎；蔬菜清洗後切碎。準備一個碗，打入雞蛋、紅蘿蔔、蔬菜、冷飲用水和白飯，攪拌均勻。
2. 準備一平底鍋，加入適量烹飪油，放上材料，雙面煎熟即可上桌。
3. 冷藏保存建議為 1 天，冷凍保存則為 1 週。

美味秘訣！

- 利用雞蛋本身的凝結力來當接著劑，就可以迅速做出這道蛋香四溢的米餅。
- 白飯可以改成任何喜歡的穀米、糙米、黑米等等。綠色蔬菜可以任選冰箱有的食材，注意要選擇葉子部位，比較容易煮熟。而紅蘿蔔一定要比蔬菜切得更細碎，才容易煮熟煮軟。
- 懶人版可以在冷炒飯中直接加 1 顆雞蛋，混和均勻直接煎，也很方便。

Part 3　副食品實戰篇：第三階段：副食品後期（10～12個月）→義大利蔬菜烘蛋、蛋香米餅

鮮蝦櫛瓜餛飩

這道鮮蝦餛飩有澱粉、蛋白質和蔬菜，營養均衡，一次煮 7～10 條給寶寶吃，可以直接取代一餐。

寶寶手指食物　份量：約 25～30 條

這道菜有影片教學喔！

材料
蝦肉 120g
櫛瓜 120g
餛飩皮適量
調味鹽適量（可省略）

做法

1. 櫛瓜清洗、去除蒂頭後切小塊；鮮蝦先切或剝掉頭部，再從蝦身中間第三節剝掉上半部蝦殼，尾巴用力一壓一拔，就可剝除剩餘尾殼。
2. 櫛瓜和剝好的鮮蝦，切碎成泥狀，喜歡味道重一點的，也可以加一點點鹽調味。
3. 將鮮蝦櫛瓜泥包成長條狀的餛飩即完成。
4. 準備一鍋水開大火，水滾後放入餛飩，待餛飩浮起後再小火煮 1 分鐘，確認內餡煮熟。煮好的餛飩可以撈起來直接泡在冷飲用水中，除了加速冷卻之外，也不怕餛飩皮風乾變硬。
5. 把多餘的餛飩放在盤上不壓疊放冰箱冷凍後，再取出分裝，這樣冷凍餛飩就不會互相沾黏，可保存 2 週。

美味秘訣！

- 寶寶吃水餃的話，有時候水餃皮太厚需要剪碎才能給寶寶吃。但是改用做成長條狀的餛飩皮，就不用擔心寶寶噎到。

虱目魚起司棒

其實不只有東方人會做魚丸，西方人也會做魚丸，只是習慣做成「棒型」。這道用虱目魚做成的西餐副食品，不只可以當做手指食物，也可以拌入倍粥內當成蛋白質的來源。

寶寶手指食物　份量：約 6 條

這道菜有影片教學喔！

材料
無骨虱目魚 1 片
起司 1 片

做法
1. 虱目魚略微清洗後，用指腹確認魚刺、魚鱗是否清除乾淨，之後切成塊狀，放入切碎盒打成泥。虱目魚的魚肉、魚肚油、魚皮都一起打泥，營養保留更多。
2. 砧板放保鮮膜，放上虱目魚泥，包入起司，捲成糖果長條狀即完成。
3. 做好的虱目魚起司棒可以直接冷凍保存，要吃的時候冷藏解凍完加熱。加熱的方法可以用滾水煮 6 分鐘，或者用電鍋外鍋加半杯水蒸熟。
4. 密封後，冷凍保存 1 週。

美味秘訣！
- 這道料理因為有加熱過程，所以選擇保鮮膜很重要，要挑可加熱的聚甲基戊烯保鮮膜（適用溫度為 -30 ～ 180℃）。
- 改用其他魚類，如鯛魚、鱸魚，或是蝦子也非常好吃。

Part 3　副食品實戰篇｜第三階段：副食品後期（10～12 個月）→ 鮮蝦櫛瓜餛飩、虱目魚起司棒

山藥魚肉蒸糕

擔心魚肉料理沒有變化嗎？可以試試這道山藥魚肉蒸糕，同時獲取澱粉和蛋白質，好吃方便又營養呢！

寶寶手指食物　份量：約 150g

這道菜有影片教學喔！

材料
魚片 60g
雞蛋 1 顆
山藥 50g
黃瓜 15g
番茄 10g
蓮藕粉 10g

做法
1. 山藥洗淨去皮；魚片確認沒有魚刺後，切小塊；黃瓜洗淨切片；番茄去皮。
2. 將所有材料放入大碗中，用切碎盒或調理機一起攪拌均勻，呈黏稠不易掉落狀即可。
3. 準備一蒸碗，底部墊張烘焙紙，放上山藥魚泥後抹平表面，再用中火蒸 20 分鐘。
4. 放涼取出倒扣，撕掉烘焙紙，再切成塊狀即完成。
5. 分裝密封，冷藏保存 1 天，冷凍保存 2 週。

美味秘訣！
- 蓮藕粉可替換成地瓜粉、太白粉、麵粉等；而山藥可用馬鈴薯替換。
- 魚片建議用脂肪含量較少的白肉魚，鱸魚或鯛魚等等。

芝麻翡翠飯糰

家有不愛吃菜的寶寶常常讓父母很頭痛，來試試自製翡翠酥小飯糰吧！顏色繽紛、營養均衡，而且還吃不出半點菜味，還能讓寶寶訓練手指靈活的抓握能力，絕對值得一試！

寶寶手指食物　份量：約 10～12 顆

這道菜有影片教學喔！

材料
熟飯 200g
芝麻粒 5g
中型雞蛋 1 顆
京都水菜 100g
烹飪油少許

做法
1. 切碎盒中放入京都水菜、雞蛋，攪打成泥狀，再準備一平底鍋，倒入適量烹飪油，放入翡翠泥，以小火慢炒，炒至水分全蒸發加上芝麻粒，即成翡翠酥。
2. 把熟飯搓成飯糰狀，如果覺得黏手，可以在手上抹點水或油再滾上翡翠酥。另外也能在飯糰中夾餡料，增添風味。
3. 翡翠酥可冷藏保存 5 天，冷凍保存 2 週。

美味秘訣！
- 沒有京都水菜也可以替換成其他綠色蔬菜，每次都用不同蔬菜替換，可以變化口味以攝取不同營養。

Part 3 副食品實戰篇｜第三階段：副食品後期（10～12個月）→山藥魚肉蒸糕、芝麻翡翠飯糰

蘿蔔糕

白蘿蔔含有維生素C、鋅、膳食纖維、澱粉、芥子油,是寶寶很喜歡的食材。自製蘿蔔糕其實很簡單,軟嫩的口感很適合寶寶食用。冬天是白蘿蔔盛產的季節,媽媽不妨自己動手做,便宜又好吃。

寶寶手指食物　份量:約 800g

這道菜有影片教學喔!

材料
在來米粉 200g
白蘿蔔 400g
飲用水 600ml
烹飪油少許

電鍋外鍋:
2 杯水

做法

1. 蒸鍋塗上一層薄薄的油。白蘿蔔洗淨去蒂頭後,削下約 0.2 公分厚的外皮,再刨成絲。多餘的水分可以濾掉放一旁,取 400g 的蘿蔔絲。
2. 先將 200g 在來米粉加 300ml 水調成米漿,這邊的水分也能用蘿蔔絲水取代。
3. 準備一炒鍋,將 400g 的蘿蔔絲加上 300ml 水,煮 1～2 分鐘至半熟狀後轉小火,把米漿分 3 次倒入,邊拌炒邊攪拌均勻,等到米漿全部加入後,炒成漿糊狀。
4. 放入蒸鍋中,用塗油的矽膠鏟壓平表面,外鍋加 2 杯水,待電鍋跳起燜 10 分鐘,蒸熟即完成。也可以用一般蒸爐或蒸籠,用中大火蒸 25～30 分鐘。
5. 密封後,冷藏保存 3 天。

美味秘訣!

- 煎好的蘿蔔糕炒個蛋,就可以當成寶寶的早餐,喜歡吃港式風味的可以和干貝醬、豆芽菜一起拌炒,頓時廚房內香味四溢。

玉米南瓜溫沙拉

遇到快速成長時期孩子就會抽高（變瘦），這時候可以準備K力的私房料理「玉米南瓜溫沙拉」，不但成分營養，澱粉高、蛋白質足夠，還可以攝取到適當油脂。最重要的是，孩子幾乎都會喜歡吃，瘦寶寶也會多吃幾口，可以讓「瘦」寶寶多長點肉。

寶寶手指食物　份量：約 400g

這道菜有影片教學喔！

材料
栗子南瓜適量
玉米適量
雞蛋 1 顆
室溫奶油適量

電鍋外鍋：
1 杯水

做法
1. 栗子南瓜洗淨、去籽切塊，玉米清洗乾淨，和雞蛋一起放入電鍋蒸熟。
2. 準備一個碗，放入奶油、雞蛋、南瓜、玉米粒攪拌均勻。不用特意拿砧板刀子，可以直接用支叉子壓碎攪拌。
3. 這道食譜不管是溫或涼，都好吃，因為有加雞蛋，建議 2 天內食用完畢。

美味秘訣！

- 栗子南瓜的外皮又鬆又Q，很適合一起食用，也可以用地瓜取代南瓜。
- 玉米粒適合咀嚼能力好的寶寶，所以可以依照咀嚼能力來增減玉米粒的量。這道料理需要良好咀嚼吞嚥的能力，所以較適合 12 個月左右寶寶。

Part 3　副食品實戰篇｜第三階段：副食品後期（10～12個月）→蘿蔔糕、玉米南瓜溫沙拉

小黃瓜蔓越莓優格沙拉

對於有輕微便秘問題，又不愛喝水的寶寶，可以嘗試這道口感豐富又清爽微甜的小黃瓜沙拉，脆脆的口感很受寶寶歡迎。

寶寶手指食物　份量：2 人

這道菜有影片教學喔！

材料
小黃瓜 1 條
無糖優格 50ml
蔓越莓 15g
薄荷葉 2 片（可省略）
細砂糖 10g

做法

1. 將小黃瓜、薄荷清洗乾淨。
2. 把蔓越莓切碎約 0.5 公分大小、薄荷切絲。
3. 小黃瓜削皮、切半去籽、切成約 1 公分的小丁。
4. 煮一鍋滾水，放入小黃瓜丁，燙 90～120 秒，再倒入蔓越莓燙 5 秒即撈起瀝乾。煮過的小黃瓜和蔓越莓不僅口感較軟，也更安全。
5. 小黃瓜和蔓越莓趁餘溫拌入細砂糖攪拌均勻，微涼後再加優格和薄荷葉，攪拌均勻後完成。
6. 密封後，冷藏保存 3 天，冷凍保存 1 週。

美味秘訣！

- 「優格醬」做法請參見 P76。
- 蔓越梅也可以替換成葡萄乾、藍莓、蘋果等等。

義式油漬小番茄

番茄含茄紅素、類胡蘿蔔素、維生素A、C、鉀、鎂、膳食纖維、果膠等,經過加熱之後,能增進身體利用率,吸收更高。

寶寶手指食物 份量：約 300g

這道菜有影片教學喔！

材料
小番茄 300g
橄欖油適量
義式香料適量（可省略）

做法
1. 小番茄洗淨切半。
2. 烤盤鋪上烘焙紙,放上小番茄,淋上適量橄欖油。番茄加熱及加油,可以促使茄紅素的釋放,更有助人體的吸收。
3. 烤箱設定 120℃,放入小番茄烤 90～120 分鐘,烤越久水分蒸發越多,除了外型變小,甜度和酸度會更明顯之外,保存期限也會變長。
4. 密封後,冷藏保存 5 天,冷凍保存 2 週。

美味秘訣！

- 這道料理是西餐裡常見的番茄配料,既可以當下午茶點心,也可以應用在各種粥品、湯品或義大利麵中,加個幾顆增加酸甜度,讓料理別有風味。

Part 3 副食品實戰篇｜第三階段：副食品後期（10～12個月）→ 小黃瓜蔓越莓優格沙拉、義式油漬小番茄

手揉地瓜饅頭

將富含澱粉與纖維的地瓜，手揉做成健康饅頭，大小適合寶寶手拿，可以自己練習撕咬咀嚼，當作早餐準備時也很方便。

寶寶手指食物　份量：約 6 顆

這道菜有影片教學喔！

材料
中筋麵粉 100g
地瓜 70g
冷飲用水 30ml
酵母 2g

電鍋外鍋：
1 杯水

做法
1. 地瓜削皮、洗淨、蒸熟後，與冷飲用水 30ml 攪打成泥狀。
2. 地瓜泥加入中筋麵粉、酵母揉約 5～10 分鐘，揉合均勻成光滑不沾手的麵團。
3. 將麵團放入碗中，包著保鮮膜，以 50℃發酵 1 小時（可放入電鍋切保溫模式），變成 2 倍大，撕開來有漂亮的氣孔即是發酵成功。
4. 再重整一次麵團，揉成長條狀後並切成適當大小，放在烘焙紙或蒸籠布上，麵團之間要保有距離以便發酵時不會黏在一起，再以 50℃發酵 1 小時（可放入電鍋切保溫模式），麵團會再度變成 2 倍大。
5. 用電鍋（外鍋 1 杯水）或蒸籠中大火蒸 12～15 分鐘，關火後燜 10 分鐘再開蓋即可。
6. 饅頭可以密封冷藏保存 3 天，冷凍保存期限為 1 到 2 週。

美味秘訣！
- 建議冷凍保存為佳，否則饅頭在冷藏室保存時，水分容易蒸發，饅頭會變乾不好吃。

義大利奶油玉米糕 Polenta

Polenta 是歐美常見的食物,它是玉米磨出來的碎粒,營養且天然。偶而變化口味換個新鮮感,讓寶寶多嚐試不同地區料理,也是增進味覺廣度的一種方式。

寶寶手指食物　份量:約 400g

這道菜有影片教學喔!

材料
Polenta 玉米粉 70g
母奶或配方奶 350ml
奶油適量
帕瑪森起司粉適量
橄欖油適量

做法
1. 準備一湯鍋,放入母奶或配方奶加熱約 50 度 C,並將 Polenta 玉米粉慢慢倒入鍋中,轉小火,攪拌成團狀,拌煮過程中,溫度高熱時,要小心玉米漿噴濺出來。
2. 熄火,刨些帕瑪森起司加入,有些品牌的起司偏鹹,所以要邊加邊試味道,倒入容器中放涼,凝固後再切成手指塊狀。
3. 取一平底鍋,開中火,放入奶油和塊狀玉米糕,稍微煎熱或上色即完成。吸附奶油香氣的玉米糕滋味更佳。
4. 密封分裝後,冷藏保存 2 天,冷凍保存 1 到 2 週。

美味秘訣!
- 不同品牌的 Polenta 玉米粉粗細不同、熬煮時間也不同,可以依照包裝指示增減熬煮時間。

Part 3　副食品實戰篇「第三階段:副食品後期(10〜12 個月)」—手揉地瓜饅頭、義大利奶油玉米糕 Polenta

寶寶的健康點心

香脆磨牙牛奶棒

這個牛奶棒改用低筋麵粉製作，筋度較低，吃起來有點像方塊酥的口感。長條形可以當磨牙餅乾，外出攜帶也很方便。

寶寶的健康點心　份量：10～12 根

這道菜有影片教學喔！

材料
低筋麵粉 100g
奶油 30g
細砂糖 30g
奶粉 20g
鹽 1g
牛奶 30ml

做法

1. 前置準備烤箱預熱 120℃；奶油加熱溶化成液態油；低筋麵粉過篩。
2. 準備一大碗，放入低筋麵粉、細砂糖、奶粉、鹽，稍微混合均勻，再加入液態奶油與牛奶，用最快的時間，將麵粉混合成團。
3. 用桿麵棍桿開成一張 0.3 公分的麵皮，放在鋪烘焙紙的烤盤上。
4. 再切成一條條寬度約 1.5 公分的長條，稍微移動留點空隙，放入烤箱烤 12～18 分鐘，視情況不要讓餅乾烤焦了。
5. 密封後冷藏保存 5 天，冷凍保存 2 週。牛奶棒若有回潮現象，可以進烤箱再烘烤一下即可。

酪梨鮮奶酪

台灣人對於酪梨的吃法比較陌生，大部分都單吃或打成酪梨牛奶。西方人的吃法就比較不同，能做成番茄酪梨莎莎醬、吐司夾切片酪梨灑黑胡椒，或者吐司夾切片酪梨淋蜂蜜，甚至包在壽司裡都有。這次介紹酪梨的甜點做法，讓寶寶也能一同愛上這項滋味平淡卻健康營養的食材。

寶寶的健康點心　份量：約 500ml

這道菜有影片教學喔！

材料
酪梨 300g
牛奶 200ml
吉利丁 3～4 片
細砂糖 20g

做法
1 吉利丁片攤開泡冰水 1 分鐘後會變軟，取出擠乾水分。喜歡偏軟的口感，就用 3 片吉利丁，喜歡偏固態口感，就用 4 片吉利丁。
2 準備一個可微波的碗，放入 100ml 牛奶和 20g 細砂糖，放入微波爐，用 1100 瓦約微波 45 秒，再放入吉利丁，攪拌至砂糖和吉利丁完全均勻溶解於牛奶中。如果用瓦斯爐煮也可以，只要把牛奶加熱而非沸騰，餘溫足夠溶解細砂糖和吉利丁就好。
3 果汁機中放入酪梨果肉與 100ml 牛奶，打成泥狀，再加入做法 2 的砂糖牛奶吉利丁液，用果汁機稍微攪打 3 秒，混合均勻。
4 把奶酪倒入容器內，放冰箱冷藏 6 小時至凝固。密封後，冷藏可保存 3 天。

香蕉優格冰棒

日頭赤炎炎，想吃點冰品又擔心市售的冰品不夠衛生健康嗎？可以自己動手做這道香蕉優格冰棒，只要三分鐘就可完成，好吃又營養，多嗑一根也不怕。

寶寶的健康點心　份量：約可做 3 根冰棒

這道菜有影片教學喔！

材料
優格 200ml
香蕉 1 根

做法
1 香蕉剝皮後，視寶寶喜歡的口感，選擇略微切碎或搗爛。
2 加入優格攪拌均勻，放入冰棒容器中，冷凍 1 晚即完成。
3 冰棒密封後，冷凍可以保存兩週

美味秘訣！

- 香蕉盡量選擇成熟、甚至表皮發點黑斑的，熟度高甜度與香氣也高。另外也可以把香蕉替換成其他水果，草莓、櫻桃、藍莓、鳳梨、西瓜等等，甚至加點果乾做變化也可以。
- 優格的 PH 值為 4.5，冷藏保存前 3 天最新鮮且活菌數最高，如果放越久會越酸，以及產生離水現象，活菌數也會降低，因此，優格趁新鮮吃，做優格冰棒也選擇用新鮮優格製作，做法請參見 P76。

健康柳橙可爾必思

台灣是不折不扣的飲料王國，轉個角或隔條街，就能找到冷飲店或超商，購買冰冰涼涼的飲品。為了讓孩子從小能夠辨別，並且喜歡真食材所做的飲品，不妨試試看這道柳橙可爾必思，說不定孩子會拒喝市售飲料呢！

寶寶的健康點心　份量：約 200ml

這道菜有影片教學喔！

材料
優格 50g
細砂糖 50g
柳橙果肉 50g
檸檬汁 35ml
飲用水 15ml

做法
1. 柳橙削皮、去白色的果瓣、種籽，取出完整的果肉。
2. 果汁機放入優格、糖、柳橙果肉、檸檬汁、飲用水，一起高速攪打均勻。
3. 做好的可爾必思濃度較高，要喝時，可以加水或冰塊稀釋成喜歡的濃稠度。
4. 密封後冷藏可保存 5 天。

美味秘訣！
- 柳橙也能改成葡萄柚、奇異果、蘋果、葡萄等水果，變化多端。

Part 3　副食品實戰篇｜第三階段：副食品後期（10～12個月）→香蕉優格冰棒、健康柳橙可爾必思

205

第四階段：副食品完成期（12～24個月）

副食品完成期方式

- 滿 1 歲後的寶寶，只要咀嚼能力訓練適當，已經可以跟著大人吃三餐，視不同料理情況，適當地用食物剪刀剪碎或不剪碎。

- 這階段的食譜，因為不用特意準備額外的寶寶副食品，因此 K 力大多示範「親子共食」料理與「家常料理」以及「健康零食點心」，並且盡量天天變化菜色，才能為孩子提供全方位的營養所需。

- 只剩早晚母奶／配方奶，或者是逐步停止母奶／配方奶，直接改喝鮮奶也可以。

副食品完成期餵食檢查重點

- 這時期的幼童只要營養攝取均衡，有足夠的活動，作息規律加上良好睡眠品質，就能擁有健康的體魄，除非有額外的身體狀況，並在專業兒科醫師調整飲食的建議下才需要添加營養補給品，否則一般來說，不需要額外添加營養補給品。

- 飲食部分和成人的攝取組合六大類食物相似（全穀根莖類、豆魚肉蛋類、乳品類、油脂與堅果種子類、蔬菜類、水果類）一樣，但是每大類的食物份量要記得不一樣。

- 根據「國民飲食指標」的建議，活動量大的寶寶和活動量少的寶寶，其熱量建議分別是 1,350 大卡和 1,150 大卡。

- 1 歲後可以給予蜂蜜，而整顆堅果與巧克力還是等 3 歲後才給予，如果想要提供堅果做油脂補充的話，建議要磨成粉或切碎磨碎才給予喔！

12個月後的寶寶作息示範

時　　間	飲　食
07：00～08：00	早餐
90：30～10：00	點心
12：00～12：30	午餐
13：00～15：00	午睡
15：30～16：00	點心
18：30～19：30	晚餐
20：30～21：30	母奶/配方奶，刷牙睡覺

1歲以後的副食品計畫表

跟著大人吃三餐＋早上、下午點心各一次。

	星期一	星期二	星期三
第1週	米發糕 番茄牛肉麵 薑香麻油豬肝	米發糕 寶寶豬肉咖哩飯 台式九層塔煎蛋	免手揉小餐包 番茄牛肉麵 薑香麻油豬松阪肉
第2週	蔓越莓奶酥土司 彩色豬肉小水餃 三杯杏鮑菇	蔓越莓奶酥土司 彩色蝦仁小水餃 木須滑蛋	快速寶寶比薩 彩色魚肉小水餃 三杯什錦菇菇
第3週	馬鈴薯千層派 鮭魚高麗菜炒飯 芹菜丸子湯	馬鈴薯千層派 旗魚彩色甜椒炒飯 九層塔丸子湯	奶油地瓜起司燒 牛肉空心菜炒飯 鳳梨苦瓜雞湯
第4週	南法雞肉 couscous 牛蒡雞湯佐麵線 梅漬涼拌苦瓜	南法雞肉 couscous 一鍋煮牛肉拌飯 梅漬涼拌小番茄	吐司搭 香蕉花生奶昔 牛蒡雞湯佐麵線 梅漬涼拌苦瓜

●早餐 ●中餐 ●晚餐 （與大人同吃，表格內示範晚餐其一菜色）

星期四	星期五	星期六	星期日
免手揉小餐包	香蕉藍莓卷	香蕉草莓卷	香蕉櫻桃卷
寶寶雞肉咖哩飯	鳳梨蝦仁炒飯	鳳梨雞肉炒飯	鳳梨肉絲炒飯
紅蘿蔔煎蛋	薑香麻油豬肝	紅蘿蔔煎蛋	芹菜葉煎蛋
寶寶比薩	奶油地瓜起司燒	奶油地瓜起司燒	奶油地瓜起司燒
彩色雞肉小水餃	豬肉洋蔥蓋飯	雞柳洋蔥蓋飯	牛肉洋蔥蓋飯
韓式涼拌菠菜	韓式涼拌黃豆芽	照燒牛肉秋葵卷	三杯鯛魚塊
奶油地瓜起司燒	越式春捲佐花生醬	越式春捲佐花生醬	牛奶棒搭芋頭牛奶西米露
雞肉櫛瓜蛋炒飯	新加坡海南雞飯丸	新加坡海南雞飯丸	寶寶牛排
鳳梨苦瓜雞湯	牛肉豆芽河粉湯	卡滋卡滋炸雞塊	麻油雞湯
吐司搭香蕉花生奶昔	義大利麵包棒搭水果優格	義大利麵包棒搭水果優格	義大利麵包棒搭水果優格
一鍋煮牛肉拌麵條	香菇紅棗雞佐麵線	香菇紅棗雞拌白飯	寶寶牛排
梅漬涼拌小番茄	香煎鮭魚	清蒸午仔魚	卡滋卡滋炸雞塊

Part 3 副食品實戰篇｜第四階段：副食品完成期（12～24個月）

滿 12 個月寶寶的食譜

鳳梨炒飯

親子共食

薑黃粉的好處越來越被國人所重視，但是嬰幼童通常沒辦法像成人一樣，直接一杓杓吃薑黃粉，因此可以加入料理中，再加上寶寶喜歡的鳳梨，就變成有南洋風、好吃又健康的料理了。

親子共食 份量：3 人

這道菜有影片教學喔！

材料

隔夜冷白飯 2 碗
雞里肌 70g
鳳梨 100g
洋蔥 20g
雞蛋 2 顆
腰果 40g（1 歲以上 3 歲以下寶寶請切碎或省略）
青蔥 3 根
熟花椰菜適量
薑黃粉 1/2 小匙
醬油 1/2 小匙
鹽和黑胡椒適量（可省略）

做法

1. 花椰菜煮熟、青蔥切蔥花、鳳梨去皮切丁、洋蔥切丁、雞里肌切丁、冷飯微波 20～30 秒，備用。
2. 準備一平底鍋，開中火，加入適當烹飪油，將洋蔥炒軟、雞蛋炒香，取出，備用。
3. 另一鍋開中火，加入適當烹飪油，油溫升高後加雞丁炒熟，再加入剛剛的洋蔥蛋、鹽、黑胡椒、薑黃粉，略微拌炒。
4. 再加入鳳梨、熟花椰菜，把材料炒乾、炒均勻，再加醬油，炒至醬汁收乾。
5. 最後加入蔥花與白飯，翻炒均勻即可。密封後冷藏保存 3 天，冷凍保存 1 週。

美味秘訣！

- 雞肉也能替換為牛肉、豬肉、蝦仁等，變化出各種不同的炒飯。另外要注意的是，給寶寶吃的炒飯，青蔥也要一同炒熟再吃，會更安全。

鮭魚高麗菜蛋炒飯

鮭魚營養價值極高，含有蛋白質、Omega-3 脂肪酸、鈣、鐵、維生素 B、D、E 等營養素。家裡做的炒飯沒辦法和餐廳的條件一樣，所以要炒出粒粒分明的蛋炒飯只要抓到訣竅，就可以做出大廚等級的蛋炒飯囉！

親子共食　份量：約 600g

這道菜有影片教學喔！

材料
鮭魚片適量
雞蛋 2 顆
洋蔥適量
玉米粒適量
醬油 15ml
青蔥 2 支
高麗菜適量
隔夜的冷飯 1 碗半
鹽和黑胡椒適量（可省略）
烹飪油適量

做法
1. 洋蔥切小丁、高麗菜切碎、蔥切蔥花、隔夜冷飯微波 20～30 秒、鮭魚煎熟剝碎，備用。
2. 準備一炒鍋，開中火，加入適量烹飪油，油溫升高後打入雞蛋，當蛋白略凝固時用鏟子炒碎，炒熟後盛起先放一旁。
3. 同一鍋再加入適量烹飪油和洋蔥炒軟，加入鮭魚、玉米、高麗菜、蔥花、醬油，炒至醬汁收乾，再加入雞蛋、鹽、黑胡椒、冷飯，邊炒邊壓邊翻鍋，所有材料拌炒均勻即可。

美味秘訣！
- 剛煮好的白飯太濕，炒出來的飯就會黏黏的，K 力建議用隔夜冷飯（水分已稍稍蒸發）就比較不會黏，再經過微波，不但可使水分蒸發，還可以縮短拌炒的時間；配料個別先炒熟、炒乾取出，才不會讓白飯變得濕軟。

薑燒牛肉洋蔥蓋飯

這一道料理有蔬菜、有蛋白質，是家中常見的快速菜色之一，不僅營養準備起來也很方便。肉片的部位可以選擇梅花片片，比較軟嫩好入口。

親子共食　份量：約兩人份

這道菜有影片教學喔！

材料
牛肉片 230g
洋蔥 50g
鴻喜菇 50g
嫩薑 2 片切碎或磨泥
醬油 10ml
味醂 10ml
蠔油 10ml
太白粉 2 小匙
白飯適量
飲用水適量

做法
1. 先將牛肉片、醬油、味醂、蠔油、少許嫩薑泥，攪拌均勻醃 10 分鐘，再加入太白粉拌勻。
2. 洋蔥切成條狀、鴻喜菇撥開，備用。
3. 準備一平底鍋，放入薑碎（泥）、洋蔥、鴻喜菇，拌炒至食材軟化，再加入適量飲用水，將材料煮 3～5 分鐘，煮軟且入味。
4. 等待的同時，準備另一平底鍋開中火，加入適量烹飪油，放上牛肉片略炒 1 分鐘，炒至沒有血色。
5. 混合兩平底鍋材料，拌炒均勻即完成。
6. 可以多準備些做法 3 的薑燒醬，冷凍保存，需要時先炒好肉片，再加入醬汁，就能快速上菜囉！

美味秘訣！
- 牛肉可以換成豬肉片、雞肉片，蔬菜也能替換成秀珍菇、金針菇、高麗菜等等，變化多端且備料輕鬆。
- 分鍋法，將肉菜分開可以保持肉的軟嫩度，才不會炒過熟。

寶寶咖哩飯

其實「咖哩」指的就是辛香料組合成的綜合美味，只要找對材料，也很適合嬰幼童食用，又可以輕鬆完成一餐。做多點，還可以分裝冷凍保存，需要的時候再加熱，方便迅速又好吃。

親子共食　份量：約 800g

這道菜有影片教學喔！

材料
洋蔥 70g
紅蘿蔔 70g
地瓜 100g
櫛瓜 100g
雞里肌 200g
椰奶 150ml
蒜頭 1 瓣
生薑 1 小塊
純素咖哩粉 9g
薑黃粉 3g
鹽適量
太白粉水適量
烹飪油適量
飲用水適量

做法
1. 紅蘿蔔、洋蔥、地瓜去皮切丁；櫛瓜、雞里肌切丁；蒜頭、生薑磨泥。
2. 準備一湯鍋，開中火，倒入適量烹飪油，放入洋蔥、紅蘿蔔、薑泥、蒜泥，炒至洋蔥軟化。
3. 再加入雞里肌丁一起拌炒，待雞肉變白，續入咖哩粉和薑黃粉，小火略炒 20 秒，加入 300ml 飲用水。
4. 水滾後加入櫛瓜、地瓜，再一次滾後轉小火，慢熬 5 分鐘，再加鹽、椰奶調味，煮滾後加太白粉水調整濃稠度即完成。
5. 咖哩密封後冷藏保存 3 天，冷凍保存 2 週。

美味秘訣！
- 雞肉也可替換成牛、豬、魚或豆類等蛋白質。

Part 3 副食品實戰篇　第四階段・副食品完成期（12～24個月）→薑燒牛肉洋蔥蓋飯、寶寶咖哩飯

米發糕

用生米做出來的傳統發糕，因為不含致敏性高的麩質，很適合寶寶食用。這道食譜和市面上常見的米粉加泡打粉所做的發糕不太一樣，用天然的白米製傳統發糕，安心繽紛又好吃呢！

親子共食　份量：5個

這道菜有影片教學喔！

材料
在來米 200g（先泡水 4 小時後瀝乾）
水 350ml
糖 90g
低筋麵粉 50g
即溶速發酵母 3.5g
南瓜 25g
紫地瓜 25g
抹茶粉 1g
黑糖粉 5g

做法
1. 在來米、水、糖，一起放入果汁機打成泥，再加入麵粉，低速打勻。
2. 將類似蜂蜜質地的麵糊倒入大碗中，加入酵母攪拌均勻，蓋上保鮮膜，視天氣及溫度發酵 1～3 小時（麵糊長 2 倍高即發酵完成）。
3. 等待期間同時將地瓜、南瓜蒸熟後，壓成泥狀。
4. 將麵糊與南瓜、地瓜、抹茶粉及黑糖粉分別放入容器裡，攪拌均勻成為四種口味的麵糊，讓氣孔完全排出。
5. 電鍋外鍋加 2 杯水，等水滾後放入麵糊，然後蓋緊蓋子蒸發糕，等開關跳起後，將電鍋蓋子開點小縫讓蒸氣洩出 10 分鐘（能避免發糕表面回潮），再開蓋拿出發糕。
6. 冷藏保存 3 天，冷凍保存 2 週。

美味秘訣！
- 若在來米取得不易，可改用一般白米，只是蒸的時間要加倍。

番茄牛肉麵

濃醇番茄湯頭，鹹鹹酸酸還有滿滿的茄紅素，營養充足，是充滿溫暖的一碗湯麵。煮好的番茄牛肉湯，拌著麵條或搭配白飯都很好吃。

親子共食　份量：約 1000g

這道菜有影片教學喔！

Part 3 副食品實戰篇「第四階段：副食品完成期（12～24個月）」米發糕、番茄牛肉麵

材料
- 牛腱肉 1 條
- 番茄 5 顆
- 紅蘿蔔 1 條
- 青蔥 2 支
- 醬油 25ml
- 洋蔥 1／4 顆
- 蒜頭 5～8 瓣
- 老薑片適量
- 八角 2 顆
- 白胡椒粉 1 小匙
- 五香粉 1／2 小匙
- 冷飲用水適量
- 烹飪油適量
- 麵條煮當餐所需分量

做法
1. 牛腱肉去筋去膜；番茄去皮切塊；紅蘿蔔、洋蔥去皮切塊；青蔥切段；備用。
2. 準備一壓力鍋，開中火，倒入適量烹飪油，放入牛肉塊煎 30～60 秒，然後翻炒，加入蒜頭、老薑、洋蔥、青蔥，炒出辛香料的香味後，再加入醬油，翻炒 30 秒，最後加入番茄、白胡椒粉、五香粉、八角。
3. 炒到八成的番茄都出水變軟後，加入紅蘿蔔、適量冷飲用水，蓋上壓力鍋蓋，煮 12 分鐘。
4. 麵條放入滾水中，依照食用說明煮熟即可。寶寶要吃的可以多煮 30～60 秒，更易咀嚼消化。
5. 番茄牛肉湯可一次做多一些分裝保存。密封後，冷藏 3 天，冷凍保存 2 週。

美味秘訣！
- 用一般鍋子煮也可以，滾後轉小火，慢燉至牛肉軟嫩即可（示範影片裡有加米酒，給幼童吃可省略）。

215

日式海鮮烏龍麵

平常在冰箱常備著各種麵條、海鮮、蔬菜，就可以快速準備媽媽與孩子的午餐，有澱粉、蛋白質、纖維質等營養，十分鐘上菜很簡單，媽媽寶寶都可以享用。

親子共食　份量：1大1小

這道菜有影片教學喔！

材料
烏龍麵 1 包
鮮蝦 6～8 隻
中卷 80g
蛤蜊 10～12 顆
洋蔥絲 15g
青蔥 2 支切段
蒜片 2 顆
嫩薑絲 5g
小白菜適量
紅蘿蔔絲適量
醬油 15ml
自製鮮味粉 1／2 小匙
少許烹飪油
高湯或冷飲用水適量

做法
1. 小白菜清洗，切成適合入口大小；嫩薑切絲；洋蔥切條；青蔥洗淨切蔥段；中卷切成適當大小。
2. 準備一湯鍋煮滾水，水滾後放烏龍麵煮 3 分鐘或煮熟，撈起瀝乾。
3. 準備一平底鍋，開中火，倒入適量烹飪油，油溫升高後放入洋蔥、薑、蒜、蔥，略微炒軟後再放入鮮蝦拌炒。
4. 鮮蝦稍微煸紅，再加入蛤蜊一起稍微拌炒 15～30 秒後，加入醬油、蔬菜、紅蘿蔔、中卷、高湯或飲用水，最後再加入煮熟的烏龍麵，把材料全部炒熟即完成。

美味秘訣！
- 除了海鮮口味也可替換成豬肉、雞肉、牛肉或各種菇類。

彩色小水餃

手工製作的餃子皮和菜肉餡，不僅含有豐富的澱粉、蛋白質與蔬菜纖維質，而且安全新鮮看得見。一顆顆小小的水餃，大小可以依寶寶的月齡做調整，好看好吃又吸引寶寶食慾。較小寶寶要吃的水餃皮可以稍微做小一點。

這道菜有影片教學喔！

親子共食　份量：約 50 顆

材料

麵皮：
中筋麵粉 100g
冷飲用水 50ml
甜菜根適量
菠菜或地瓜葉適量

內餡：
豬腰內肉 100g
高麗菜 100g
青蔥 1 支

做法

1. 準備滾水燙菠菜 15 秒，撈起加入水 25ml 打成泥，過濾取汁液；甜菜根加水 25ml 打泥，過濾取汁液。以菠菜汁和甜菜根汁做為天然染色原料。
2. 將 25ml 菠菜汁與 25ml 甜菜根汁分別加入 50g 中筋麵粉裡，揉成光滑不黏手的麵團，如果覺得太乾，可以再加水邊揉邊調整。
3. 麵團蓋上濕毛巾，靜置 30 分鐘。
4. 將豬肉、高麗菜、青蔥切碎打泥（內餡也可以做成雞肉、牛肉、蝦仁），內餡因為攪泥時溫度升高，細菌滋生快，所以要先放冰箱冷藏，要包的時候再拿出來。
5. 麵團取出擀平，做成厚度約 0.1cm 的餃子皮，才不會太厚不易煮熟。準備湯鍋煮滾水，放入水餃，將水餃煮熟即完成。
6. 做好的生餃子，如果沒有馬上吃的話，需要冷凍保存，可保存 1 週。

美味秘訣！

- 做餃子皮時，可以在桌面與麵皮表面灑些中筋麵粉，較不會黏手。
- 如果不用水煮，也可以變化成蒸餃或形狀美麗的玫瑰花煎餃，別具滋味又美麗。

Part 3　副食品實戰篇－第四階段：副食品完成期（12～24個月）→日式海鮮烏龍麵、彩色小水餃

卡滋卡滋炸雞塊

一般市售的炸雞塊，整鍋油重複油炸，消費者很難得知換油頻率，也不清楚雞塊真實成分。但是媽媽牌炸雞塊，使用優質雞胸肉，料好實在，用新油，沾自製番茄紅醬，更可以省去孩子對「外食炸物」的迷戀（因為越不准孩子吃，他們就越愛吃），甚至嘴巴刁的媽媽，吃過自製炸雞塊後，反而不愛市售的呢！

親子共食　份量：16～20塊

這道菜有影片教學喔！

材料

雞胸肉 1 片
白飯 50g
雞蛋 1 顆
優格 30ml
冷飲用水 15～30ml
麵包粉
麵粉
鹽和黑胡椒適量
耐高溫炸油適量

做法

1. 蛋黃＋1／2 蛋白加 15～30ml 冷水混合均勻。半解凍的
2. 雞胸肉切塊狀，加上白飯、1／2 蛋白半顆、優格、鹽、黑胡椒，一起放入切碎盒，切碎攪打均勻成肉泥。
3. 全部肉泥塑型成雞塊，個別裹上一層薄麵粉、做法 1、再裹上麵包粉。
4. 取一平底鍋，開中大火，倒入約 1～1.5 公分的炸油，先放入 1 顆麵包粉，若麵包粉炸得滋滋響表示油溫足夠，改轉小火維持溫度，再放入雞塊，先炸約 75 秒然後翻面，再炸約 75 秒，炸好取出，先放在餐巾紙上吸油，再放於鐵網上。

美味秘訣！

- 用西餐烹飪技巧中常見的 Shallow Frying 半煎炸方式來做這道雞塊，不但可以保持雞塊的溼潤度，還可以讓雞塊吃起來「卡滋卡滋」，酥酥脆脆。
- 擺放時盡量將雞塊與雞塊之間留點空隙，不要完全堆疊在一起，這樣雞塊才不會被彼此間散發的熱氣影響，受潮變軟。

馬鈴薯千層派

馬鈴薯有豐富澱粉、維生素B、C及鉀之外，還含有蛋白質、醣類、鈣、鐵、鋅、鎂等營養素。這道綿密且充滿馬鈴薯奶香的鹹千層派，加上烘烤過後微甜的蒜頭，與百里香加深味覺的層次，有讓人置身法國的美麗錯覺。

親子共食　份量：約 6 寸大

這道菜有影片教學喔！

材料

馬鈴薯 650g
奶油 10g
動物性鮮奶油 100ml
牛奶 100ml
帕馬森起司 10g
麵粉 1／2 小匙
鹽 2g
黑胡椒適量
蒜頭 15g
百里香 1g
6 吋烤模

做法

1. 烤模底部放烘焙紙四周塗上奶油；馬鈴薯削皮洗淨切片；蒜頭切越碎越好；烤箱預熱至 180℃。
2. 準備一湯鍋，開中火，加入牛奶、蒜頭、鹽，煮滾後關火，再加入麵粉與鮮奶油攪拌均勻。
3. 取烤模，將馬鈴薯片排一層，淋上一層香蒜牛奶醬，以此類推，最上層淋上牛奶醬後，灑上百里香、黑胡椒，再鋪上一層起司粉。
4. 放入 180℃的烤箱中，烤 60 分鐘。
5. 烤好取出放涼，靜置 30 分鐘，小刀周圍劃一圈即可取出千層派。
6. 密封後冷藏 3 天，冷凍保存 1 到 2 週。

美味秘訣！

- 如果沒有烤模，可以改用其他可進烤箱烘烤的烤皿、烤器或鋁箔盛器使用。

Part 3　副食品實戰篇｜第四階段：副食品完成期（12～24個月）↓卡滋卡滋炸雞塊、馬鈴薯千層派

寶寶牛排

現代父母習慣多國飲食，有時候也喜歡吃牛排，但是五分熟、七分熟的牛排並不適合寶寶，建議選最嫩的牛菲力煎至全熟，就能和寶貝一同享用牛排大餐。

親子共食　份量：約一餐份

這道菜有影片教學喔！

材料
牛菲力 100g
蔬菜適量
（玉米、紅蘿蔔、櫛瓜、花椰菜、甜豆、洋蔥都可以等等）

做法
1. 牛菲力切手指長條；將蔬菜切成適當大小，水煮煮熟、煎熟或烤熟皆可。
2. 取一平底鍋，開中火，加入適量烹飪油，油溫升高後放入牛菲力，煎 30 秒後翻面繼續煎 30 秒，當沒有血水從牛肉流出表示全熟，可以取出。等待牛肉煎熟的同時，也可以一起煎蔬菜。
3. 當餐食用完畢，風味最佳。

美味秘訣！
- 這道料理可以讓孩子嘗試用叉子叉食，即使孩子用手拿取，也能訓練小手的抓握能力，加上自己用嘴巴撕、咬牛肉的動作，更可以精進口腔肌肉發展。
- 牛排也能變化替換成雞排、魚排等等。

一鍋煮牛肉

牛肉含有蛋白質、脂肪、維生素A、B以及鐵、鋅、鈣、胺基酸等營養，很適合正處於生長發育時的寶寶食用。

這道菜有影片教學喔！

親子共食　份量：約1400ml

材料

牛梅花塊 300g
番茄 400g
洋蔥 400g
紅蘿蔔 150g
義式乾燥香草 1／4 小匙
月桂葉 1 片
鹽 1／4 小匙
麵粉適量
飲用水 200ml（可省略）

做法

1. 番茄切塊；洋蔥去皮切塊；紅蘿蔔去皮切塊；牛梅花切適當大小，灑上一層薄麵粉，備用。
2. 取一平底鍋，開中火，倒入適量烹飪油，油溫升高後放入牛肉塊，利用高溫產生梅納反應的香氣並上色後，取出肉塊放一旁。
3. 原鍋（如上一鍋有黏鍋變黑，就換個鍋子），開中火，倒入適量烹飪油，油溫升高後放入洋蔥炒軟再依序放入紅蘿蔔、牛肉、番茄、乾燥香草、月桂葉、鹽、水，蓋上鍋蓋，小火煮 1 小時。
4. 打開鍋蓋，再拌炒均勻即完成。
5. 平常多做一點，密封後冷藏保存 3 天，冷凍保存 1 週。

美味秘訣！

- 這鍋番茄牛肉很適合搭配義大利麵一起吃，或者放些酸奶油，就成了類似匈牙利燉牛肉 Goulash（只是沒紅椒粉和紅酒），搭配白飯也非常美味。
- 牛梅花也可以選牛腩部位，會更嫩但也更油。也能替換成豬梅花，換個肉品增加變化。

照燒牛肉秋葵卷

秋葵含鈣、鎂、鉀、維生素A、K、蛋白質等營養，屬於高纖、高鈣、顧胃的食材。有些孩子不喜歡吃秋葵，這時候不妨改做這道牛肉秋葵卷，換個新意，說不定就跟我們家孩子一樣，晚餐突然多嗑了好幾條。

親子共食　份量：約 10~12 卷

這道菜有影片教學喔！

材料
牛肉片 10~12 片
秋葵 10～12 支
醬油 10ml
蒜頭 5g
熟芝麻粒少許

做法
1 秋葵清洗後，用削皮刀斜削下蒂頭，這方法可保留更多黏液；蒜頭剝皮切碎。
2 煮鍋滾水，放入秋葵汆燙 1 分鐘，然後撈起瀝乾放微溫。
3 用 1 片生牛肉片包 1 支秋葵，全部捲好。
4 準備平底鍋，倒入適量烹飪油，油溫升高後放入蒜頭與牛肉秋葵卷，煎熟後倒入醬油，轉大火邊炒邊晃鍋，縮短烹飪時間不讓牛肉老化，讓醬料滲透更均勻，將醬汁濃縮至合適的濃稠度後，把牛肉卷移放至盤中，灑上些許芝麻粒即完成。
5 當餐食用完畢，風味最佳。

美味秘訣！
● 牛肉也可以改成豬梅花片，不過挑選時盡量選薄肉片，才不會有半生不熟情況發生。

薑香麻油豬肝

現代飲食觀點提倡少吃內臟，因為可能會增加膽固醇累積及攝取重金屬的疑慮，所以建議每週攝取一次，避免過量。豬肝含有豐富蛋白質、維生素 A、B，及鈣、磷、鐵、鋅，是人體必需卻又容易缺乏的營養物質。

親子共食　份量：約 250g

這道菜有影片教學喔！

材料
豬肝 250g
薑 20g
麻油 20ml
鹽適量

做法

1. 豬肝切片，用流動水清洗 10～30 分鐘，直到無血水再瀝乾水分；生薑去皮切片切絲。
2. 取一平底鍋，開中大火，加入適量烹飪油，油溫升高後放入薑絲，煸出香氣。
3. 加入豬肝翻炒 3～5 分鐘，再加入鹽，鹽一加入鍋中，豬肝的蛋白質會凝結並且釋出水分，這時再不斷翻炒 30～60 秒，最後淋上麻油拌炒均勻即完成。

美味秘訣！

- 可以當一道菜色單吃，或者剪碎拌入倍粥內給寶寶吃，甚至加水煮，就變成坐月子的進補料理。
- 老薑味道辛辣，如果給寶寶吃，請選嫩薑較不辣。
- 豬肝也能替換成豬腰、豬松阪肉、雞腰、鮮蝦等等。
- 內臟內一定要煮熟，避免寄生蟲沒煮熟就下肚。

台式九層塔煎蛋

雞蛋裡含有蛋白質、脂肪、卵黃素、卵磷脂、維生素 A、B 等營養素，而其中的 DHA 和卵磷脂等，有健腦益智功效，很適合發育中的嬰幼童食用。記憶裡最喜歡主廚老爸的這道九層塔煎蛋，高溫煸香的蛋液搭上九層塔的清香，還有淡淡醬油味，讓人總忍不住多扒了幾口飯。

親子共食　份量：約 200g

這道菜有影片教學喔！

材料

雞蛋 3 顆
九層塔 20g
醬油 10ml
烹飪油適量
冷飲用水 20ml

做法

1 將九層塔去除過硬的莖梗與變黑的老葉，清洗後略微切碎。
2 準備一大碗，打入雞蛋、九層塔、水、醬油，攪拌均勻，放置 5 分鐘，雞蛋會更嫩。
3 準備一鐵鍋，開中火，倒入適量烹飪油，油溫升高後倒入九層塔蛋液，再轉中小火。
4 雞蛋外緣定型後，就略往中間移動，待凝固時翻面，煎熟上桌即完成。雞蛋料理建議當餐食用完畢，風味最佳。

美味秘訣！

● 九層塔也能替換成芹菜葉、紅蘿蔔絲、玉米、洋蔥等等。

木須滑蛋

有時孩子不喜歡吃綠色青菜時，K 力也不會刻意強求，但是會將其它菜色做點變化（畢竟還是要補充纖維質避免便秘）。譬如這道木須滑蛋，因為加了雞蛋香，滑溜好入口，常常是孩子喜愛的指定菜色。

親子共食　份量：約 400g

這道菜有影片教學喔！

材料

黑木耳 100g
金針菇 100g
鴻喜菇 100g
嫩薑絲 5g
青蔥 2 支
鹽適量
胡椒適量
雞蛋 1 顆
飲用水 165ml

做法

1. 黑木耳刷洗乾淨，捲起切條；金針菇切掉蒂頭，橫切切半撥開；鴻喜菇撥開；青蔥切蔥花；生薑去皮切片切絲；雞蛋加入 15ml 水，攪拌均勻。
2. 炒鍋開中小火，加入適當烹飪油，放入薑絲煸出香氣後，再加入黑木耳、金針菇、鴻喜菇，拌炒 1 分鐘，將材料炒均勻。
3. 再加入 150ml 水與蔥花，待所有材料炒軟炒熟，再以畫圈方式淋上蛋液，然後直接蓋上鍋蓋燜熟，確認蛋液全熟後，即可上桌。

美味秘訣！

- 可以依照喜好加入適量胡椒粉增添香氣，不過有些孩子不愛，要先試試看喔！

Part 3　副食品實戰篇　第四階段：副食品完成期（12～24 個月）→ 台式九層塔煎蛋、木須滑蛋

韓式涼拌菠菜

菠菜有豐富胡蘿蔔素、維生素C、蛋白質、礦物質、鈣、鐵等營養，富含膳食纖維又可以補充鐵質避免貧血。清炒的菠菜吃起來總有股苦澀味，通常孩子都不太喜歡，稍微變化一下做成涼拌菜，不但可以去除苦澀，也能增進孩子的接受度。

親子共食　份量：約 400g

這道菜有影片教學喔！

材料
菠菜 400g
蒜頭 5g
黑白熟芝麻粒 5g
香油 10ml
鹽適量

做法
1. 蒜頭剝皮切碎；芝麻粒稍微搗碎，能釋放更多芝麻香氣。
2. 菠菜洗淨切段後，入滾水汆燙 45～60 秒，撈起泡冰水，並擠乾水分，越乾越好。
3. 將擠乾水分的菠菜、蒜頭、芝麻粒、香油、鹽，慢慢加入攪拌均勻，可以邊混合邊調整味道。
4. 冷藏 1 小時，待入味後即可上菜。冷藏保存 3 天，冷凍保存 1 週。

美味秘訣！
- 冰鎮殺青可以保持青翠綠色，擠乾水分，則有助於去除菠菜中的草酸，是菠菜不苦澀的秘訣。
- 菠菜也能替換成黃豆芽，變化菜色。

三杯杏鮑菇

口感滑嫩的杏鮑菇，含有豐富的膳食纖維可預防便秘，而且鈣質比一般蔬菜多，此外還含有幫助鈣吸收的維生素D，很適合嬰幼童食用。這道菜主要材料只有4種，卻意外創造出多層次的美味。薑絲的微辣、蠔油的鹹甜味、九層塔的清香，都讓Q軟的杏鮑菇吸收了滿滿的醬汁，是經典卻簡單的菜色。

親子共食　份量：約400g

這道菜有影片教學喔！

材料
- 杏鮑菇 350g
- 薑絲 3g
- 蠔油 5ml
- 九層塔嫩葉 10g
- 烹飪油適量

做法
1. 九層塔挑選嫩葉，清洗乾淨；生薑去皮切片切絲；杏鮑菇簡單清洗後擦乾，切斜薄片。
2. 準備平底鍋，開中火，倒入適量烹飪油，放入薑絲稍微煸香，再放入杏鮑菇片，不斷翻炒，大約炒1分半後，杏鮑菇會釋出水分，這時再加入蠔油，慢慢翻炒至杏鮑菇吸回醬汁。
3. 最後加入九層塔，快速翻炒10～15秒即完成。
4. 冷藏保存3天，冷凍保存1到2週。

美味秘訣！
- 杏鮑菇也可以替換成其他菇類或鯛魚片、雞肉（鯛魚、雞肉先裹薄麵粉煎熟）。

芹菜丸子湯

芹菜含膳食纖維、粗纖維、β胡蘿蔔素、維生素A、C及鉀、鈣、鐵、鈉等營養，加入豬肉丸裡，多了一股清香又解膩。市售丸子為了追求彈牙脆感，幾乎都會加磷酸鹽等添加物製作，有些加得多的，甚至能嚐出澀味，甚至引起氣喘或過敏。自己製作丸子，所有材料都看得見，也讓媽媽多一分安心呢！

親子共食　份量：約 35～45 顆

這道菜有影片教學喔！

材料

豬絞肉 350g
（瘦肉：肥肉 ＝7：3）
芹菜 50g
雞蛋 2 顆
鹽 1 小匙

做法

1. 豬絞肉放入冷凍庫稍微凍硬；芹菜洗乾淨切成末；雞蛋取蛋白，備用。
2. 攪拌器裡放入豬絞肉、蛋白、鹽，高速攪打至出膠，出膠的肉會比絞肉白，完成彈性的口感。出膠後才能加入芹菜一起攪拌均勻。
3. 準備一個大湯鍋，煮沸半鍋水後轉小火，使水溫維持在鍋底有點氣泡卻不沸騰的狀態，以虎口擠出肉膠形成球狀，再用湯匙挖起放入鍋中。
4. 丸子全部擠完、煮到全部浮起之後，撈起瀝乾，密封後冷藏保存 3 天，冷凍保存 2 週。

美味秘訣！

- 剛剛煮丸子的湯就有鮮鹹味了，再加點芹菜、油蔥，灑點胡椒，就是好喝的丸子湯。
- 芹菜也可以改用香菇、九層塔取代，不過一定要絞肉出膠後才能添加，以免影響出膠變化。
- 也可以製作成牛肉丸子，做法相同。

梅漬涼拌苦瓜

苦瓜裡含豐富的維生素C，可以調節體內功能，增強身體免疫。但它也是父母最困擾的食材，因為大部分的孩子都不喜歡苦味，也很難讓孩子張口。不如來試試看這道梅漬涼拌苦瓜，去除大部分的苦味再用梅蜜醃漬，微酸微甜爽脆的口感，會讓孩子一口接一口。

親子共食 　份量：約 400g

這道菜有影片教學喔！

材料
苦瓜 250g
梅肉含蜜 150g

做法

1. 苦瓜洗淨後切半，挖除種籽，切除白色的膜，再切斜薄片；梅子肉去核後，果肉切碎。
2. 鍋中煮滾水，放入苦瓜燙 90～120 秒，撈起後放入冰水冰鎮 30 秒，可停止加熱並降低苦味，再撈起瀝乾。
3. 將苦瓜與梅肉蜜混合均勻，密封冷藏 6 小時，入味後完成。
4. 密封後冷藏保存 5 天，冷凍保存 2 週。

美味秘訣！

- 苦瓜也可替換成去皮小番茄，也非常好吃。
- 選購苦瓜時，要選外表無損傷，瓜體米粒大小一致且無彎曲的。顏色越黃代表越熟，如果沒有馬上要吃，就可以選白一點的苦瓜，放入塑膠袋中冷藏保存，可存放 3 到 5 天。
- 綠苦瓜通常會更苦，所以除非孩子喜歡苦味，否則建議先以白色苦瓜製作，待孩子喜歡後，再試綠色苦瓜。

Part 3　副食品實戰篇：第四階段：副食品完成期（12～24個月）→梅漬涼拌苦瓜、芹菜丸子湯

鮮鳳梨苦瓜雞湯

清熱解毒的苦瓜，搭配盛夏鮮甜的鳳梨，甘甜降火，也是 K 力家餐桌上最喜歡的湯品，甜中帶點苦味，就像是人生，沒有十全十美，但總會苦盡甘來。給寶寶喝的雞湯特別拿掉米酒，並且多增加鳳梨的比例，讓孩子也能享用這道湯品。

親子共食　份量：約 1500ml

這道菜有影片教學喔！

材料
雞半隻
苦瓜 200g
鳳梨 300g
薑片 10g
飲用水 1L
鹽 1/2 小匙
烹飪油適

做法
1. 雞切塊；生薑去皮切片；苦瓜洗淨切半、挖除種籽，切掉白色的內層薄膜後切大塊；鳳梨切塊，備用。
2. 取一湯鍋，開中火，倒入適量烹飪油，油溫升高後，放入雞肉（雞皮朝下），讓雞肉煎上色，再放入薑片與鳳梨，略炒 3 分鐘後，加入苦瓜與水。
3. 湯滾後用湯匙撈起表面浮渣，轉小火慢熬 20～30 分鐘，煮越久雞肉越軟，起鍋前加入適量鹽調味。
4. 密封後冷藏保存 3 天，冷凍保存 1 週。

美味秘訣！

- 喝湯秘訣：鍋中的湯品不要沾到口水，以免細菌轉移滋生。另外隔餐再食用最好將湯全部煮滾，更衛生且安全。
- 起鍋前才可加鹽，若太早加，雞肉就不容易煮軟，因為鹽會讓雞肉蛋白質凝固。

奶油地瓜起司燒

把西餐常見的配菜「馬鈴薯泥」稍微變化，搭上現成的吐司，就變成好吃的奶油地瓜起司燒。當早餐、當點心都好吃。

親子共食　份量：約可作 4 份

這道菜有影片教學喔！

材料
中型地瓜 2 顆
動物性鮮奶油 20ml
奶油 20g
鹽和胡椒適量
比薩用起司適量
芝麻粒少許
吐司四片

做法
1 地瓜洗淨後削皮切大塊，放電鍋蒸熟；烤箱預熱 150℃。
2 剛蒸好熱騰騰的地瓜，加入奶油和鹽，壓碎搗爛，越接近泥狀越好，再加入鮮奶油，攪拌均勻。
3 用吐司去邊後圍成一圈，做成烤盅，填入奶油地瓜餡，放上起司絲，灑點芝麻粒。
4 放進烤箱烤至起司融化，表面呈現微微金黃色即可。
5 吐司會慢慢回潮，吸收餡料的水分，最美味的方法，就是當餐食用完畢。如果不擔心回潮問題，可以冷藏保存 2 天。

美味秘訣！

● 地瓜也能改成山藥、芋頭、馬鈴薯，各種口味都可以變化看看。

免手揉小餐包

K力特地設計的免手揉小餐包，不僅簡單容易上手，還可以和孩子一起動手做喔！

親子共食　份量：約可做 12 顆

這道菜有影片教學喔！

材料
高筋麵粉 250g
雞蛋 1 顆
牛奶 130ml
乾酵母 3g
砂糖 25g
鹽 3g
融化奶油 30g

做法
1. 準備一大碗，打入 1 顆雞蛋，加上牛奶，攪拌均勻後，加入乾酵母，攪拌均勻後靜置 1 分鐘。
2. 加入砂糖、鹽、融化奶油，攪拌均勻後加入高筋麵粉，用筷子或刮刀攪拌成無顆粒麵團，蓋上保鮮膜，靜置 15 分鐘。
3. 裝麵團的大碗每 90 度就畫上記號，方便辨識。
4. 然後打開保鮮膜，每 90 度就對折折起麵團 1 次，共折 12 次，蓋上保鮮膜，靜置 15 分鐘。總共重複三次靜置折疊。最後一次蓋上保鮮膜則需要靜置 45 分鐘。
5. 當麵團膨脹至兩倍大且裡面充滿氣體時，就是發酵成功。取出麵團，分別切割成一顆 40g 的小麵團。利用虎口搓成圓形，並且將縮口朝下，放在鋪著烘焙紙的烤盤上。
6. 麵團表面塗上蛋黃液、撒上白芝麻，然後將放了小麵團的烤盤放入未開火的烤箱中，烤箱中同時放入 1 杯滾水，然後關上烤箱門，一起發酵 50 分鐘。
7. 麵團膨脹 2.5 倍大及發酵成功，再將烤箱預熱 200 度 C，放入麵團後調降至 190 度 C，烘烤 12 分鐘，餐包完成。

寶寶披薩

這道簡易披薩幾乎是大人或寶寶都會愛上的，烤好出爐的那一刻，嘴中牽著拉長的起司絲，搭配一杯牛奶或果昔，展開充滿美好元氣的一天。

這道菜有影片教學喔！

親子共食　份量：3 片

材料
吐司 3 片
雞肉絲 30g
番茄橫切 3 片
比薩專用起司適量
洋蔥 10g
玉米粒 10g
鳳梨 10g
鹽少許
黑胡椒少許
烹飪油適量

做法
1. 吐司去邊切圓形（可省略）；洋蔥切絲；番茄縱切切片；鳳梨切丁，備用。
2. 準備一平底鍋，開中小火，加入適量烹飪油，放入雞肉絲、鹽、黑胡椒，炒至雞肉熟。
3. 吐司上依序放上番茄片、起司、食材（雞肉、洋蔥、玉米粒、鳳梨丁交錯擺放），最上層再放一些起司。
4. 放入預熱好 170℃ 的烤箱，烤 10～15 分鐘，至表面起司融化或微黃即完成。
5. 建議當餐食用完畢，風味最佳，密封後可冷藏保存 2 天，冷凍保存 1 週。

美味秘訣！
- 要吃之前先微波 10～20 秒加熱後，表面再烘烤一下，最好吃。
- 要注意剛烤好的起司燙口，所以要稍微放至微溫後，再給孩子吃。

Part 3　副食品實戰篇｜第四階段：副食品完成期（12～24 個月）→ 免手揉小餐包、寶寶披薩

香蕉藍莓卷

香蕉含豐富醣類、維生素、礦物質與膳食纖維，有促進腸道蠕動，維持消化系統健康的功能。沒空烤蛋糕時，也可以把家裡常見的吐司、果醬和香蕉等食材重新搭配，別有一番組合風味，不但適合當野餐提案，更適合當1歲後寶寶的手指食物呢！

親子共食　份量：一份可切成6個

這道菜有影片教學喔！

材料
吐司1片
香蕉1根
藍莓果醬適量

做法
1. 將吐司去邊，用抹刀塗上一層薄薄藍莓果醬，放上剝皮的香蕉。
2. 緊緊捲起來，再切成一塊塊適當大小即完成。
3. 吐司接觸空氣後會漸漸風乾變硬，因此建議當餐食用完畢，風味最佳。

美味秘訣！
- 藍莓果醬也可更替為花生醬、草莓醬、地瓜泥、南瓜泥等等。

蔓越莓奶酥抹醬吐司

早餐店的奶酥，通常是整桶的材料，油脂來源比較雜亂，因此不如自己動手做，3 分鐘就能完成。剛烤好的奶酥麵包香濃好吃，當媽媽充肌的小點心也很棒！會忍不住多吃了一片喔！

親子共食　份量：約 170g

這道菜有影片教學喔！

材料
無鹽奶油 70g
糖粉 20g
全脂奶粉 50g
蔓越莓乾 30g

做法
1. 將奶油從冰箱拿出，放置室溫軟化；蔓越莓稍微切碎。
2. 用打蛋器混合奶油、糖粉、全脂奶粉與蔓越莓乾即完成。
3. 將奶酥醬塗抹在吐司上後，放進烤箱烤 1～2 分鐘，表面呈現微黃色即可上桌。
4. 冷藏保存時抹醬會變硬是正常的，使用前拿出來稍微退冰 30 分鐘即可。
5. 密封後，冷藏可保存 1 週。

美味秘訣！

- 給較小的幼童吃時，可以將蔓越莓乾稍微切碎，更安全。也能替換為其它果乾，如葡萄乾、黑棗乾等等。
- 全脂奶粉的味道較香濃，成人若有減低熱量的需求，可改用低脂或脫脂奶粉。如果要給孩子吃，也可以用嬰幼童奶粉。

Part 3　副食品實戰篇：第四階段：副食品完成期（12～24 個月）→ 香蕉藍莓卷、蔓越莓奶酥抹醬吐司

越式春捲佐花生醬

蝦子含蛋白質、維生素A、B與鈣、鐵、磷、鋅等營養，加上豐富的蔬菜纖維包成這道有異國風味的春捲，不但適合在夏天食用，也很適合做手指食物，一次把配料燙多一些冷凍保存。要吃的時候用春捲皮包起，就是好吃又免開火的快速料理。

親子共食　份量：3卷

材料
越南米紙 3 張
新鮮蝦子 3 尾
紅蘿蔔 10g
小黃瓜 10g
豆芽菜 10g
柔順花生醬 1 小匙
寶寶醬油 1 大匙適量

做法
1. 把花生醬和少許醬油混和均勻，如果水分太少不易攪開，可以加點飲用水一起攪拌。
2. 小黃瓜、紅蘿蔔洗淨後切絲，豆芽菜撕掉根鬚處，全部蔬菜料汆燙成適合寶寶的軟度，撈出瀝乾。
3. 蝦子去頭尾剝殼，再剔除腸泥，放入滾水中煮熟，撈出瀝乾橫切一半。
4. 用溫開水刷滿米紙兩面，不用 1 分鐘米紙就會吸收水分，變成春捲皮。
5. 春捲皮放底部鋪平，上面放蝦子、小黃瓜絲、紅蘿蔔絲、豆芽菜，捲起來即完成。
6. 密封後冷藏保存 2 天，冷凍可保存 1 週。

美味秘訣！
- 寶寶醬油做法請參見 P70。
- 也以可以捲入蘆筍、玉米筍等食材也非常好吃。

牛肉豆芽河粉湯

牛肉有豐富蛋白質與鐵，很適合發育中的孩童食用。河粉是一種通過蒸煮米漿而成的粉條食品，喜歡喝湯的人一定很難拒絕這道鹹鹹酸酸的牛肉河粉。一般越式做法是用滾燙的高湯沖入生肉片和青菜，但是為了食用安全，所以要煮滾才給寶寶食用。

親子共食　份量：約一人份

材料
梅花／雪花牛肉片 6 片
九層塔 10 片
豆芽菜 5g
洋蔥絲 5g
河粉 1 份
牛高湯 300ml
檸檬汁 5ml
油蔥酥少許
魚露適量
鹽適量

做法
1. 準備一湯鍋，開中大火，倒入適量牛高湯，放入油蔥酥、洋蔥絲與河粉。
2. 當河粉煮至適合寶寶的軟度之後，再放入牛肉片、豆芽菜、九層塔全部煮滾即完成。
3. 盛入碗中，擠數滴新鮮檸檬汁，風味更佳。
4. 冷藏保存 2 天，冷凍保存 1 週。

美味秘訣！
- 確認好溫度後，並依照寶寶的喜好度，將食材剪成適當大小才給予。
- 牛高湯做法請參見 P65。

Part 3　副食品實戰篇｜第四階段：副食品完成期（12～24個月）↓越式春捲佐花生醬、牛肉豆芽河粉湯

南法雞肉水果 couscous 沙拉

Couscous 最早是來自北非的食譜紀錄。外觀看起來像小米，其實它是手工製成的義大利麵，也就是用粗麥粉或杜蘭麵粉搓成小米般的球狀後，再過篩完成。因為方便即食又好攜帶，所以也廣受喜愛，不僅可當甜點也能當做主食。

親子共食　份量：約 150g

材料
Couscous 50g
高湯 60ml
蘋果 30g
雞里肌 20g
蔓越莓乾 15g
橄欖油 5ml
檸檬汁 2.5ml

做法
1. 高湯加熱煮滾後，倒入 Couscous，關火蓋上蓋子，燜 5 分鐘即完成。
2. 雞里肌煎熟切丁；蘋果去皮去籽切丁，稍微用鹽水泡 15 秒，以減緩氧化速度。
3. 將所有材料混和攪拌均勻即完成。密封冷藏保存 2 天，冷凍保存 1 週。

美味秘訣！
- 蘋果可替換成其他喜歡的水果，變化不同口味。

新加坡海南雞小飯丸

將富含蛋白質的雞肉與白米一起蒸煮，雞腿蒸煮過程中自然流出的營養雞汁，被白米完整吸收，讓飯丸有自然鮮甜的風味，可增加寶寶的食慾。

親子共食　份量：約兩人份

材料
無骨雞腿肉 1 隻
青蔥 1 支
生米 1 杯
飲用水 1 杯
小黃瓜半條
鹽與白胡椒少許

電鍋外鍋：
1 杯水

做法
1. 雞腿肉用少許鹽和白胡椒稍微抓勻，冷藏靜置 10 分鐘。
2. 青蔥洗淨後切蔥花，加入洗好的白米鍋中，內鍋加入 1 杯水；小黃瓜洗淨切片後，用滾水煮 2～3 分鐘，撈起瀝乾。
3. 把雞腿放置於上層篩網，青蔥生米鍋放下層，外鍋加 1 杯水蒸約 15 分鐘，當電鍋跳起後，燜 10 分鐘再開蓋。
4. 把雞腿切成 0.5～1 公分大小後，和蔥飯一起攪拌均勻，揉成一顆顆的小飯丸，小黃瓜放一旁即完成。

美味秘訣！
- 雞腿放在篩網上與飯一起蒸，這樣在蒸的過程中，雞油和雞汁會流入生米鍋中一起煮，是飯美味的關鍵喔！

寶寶的健康點心

蘋果奶酥

蘋果奶酥又稱 Apple Crumble，是西方人常見的烤箱甜點之一。香脆的奶酥搭配柔軟溫熱多汁的蘋果，K力嚐一次馬上就愛上了這道甜點。給寶寶吃的蘋果奶酥，K力重新修改了比例，除了降低糖的用量之外，也把砂糖改為香氣更濃郁的紅糖，讓這道甜點好吃又不膩口。

寶寶的健康點心　份量：約 600g

這道菜有影片教學喔！

材料

蘋果 350g
紅糖 30g
蔓越莓乾 25g
肉桂粉少許（可省略）

奶酥：

中筋麵粉
或低筋麵粉 100g
奶油 50g
紅糖 50g
鹽 1g

做法

1. 烤箱預熱 180℃；硬奶油切塊；蘋果削皮切片後，與紅糖、蔓越莓、肉桂粉攪拌均勻。
2. 切碎盒放入麵粉、紅糖、鹽與硬奶油，均勻攪打成奶酥。奶酥一定要用硬的奶油，如果奶油太軟，會變成奶泥而非奶酥，如果奶油不硬就放回冰箱冷凍一會兒，就會變硬。
3. 準備烤盤，先放入 8、9 成滿的蘋果，再放上奶酥，用力壓平，接著就放入烤箱烤 30 分鐘，完成取出。
4. 這道甜點冷藏可保存 3 天，冷凍保存 1 週。

芋頭牛奶西米露

真材實料、濃醇香的芋頭牛奶西米露，做法非常簡單，不論溫熱或冰涼吃，都很適合。注意別讓孩子吃太多，而影響了正餐的食慾喔！

寶寶的健康點心　份量：8 人

這道菜有影片教學喔！

材料
西谷米 100g
芋頭 500g
牛奶 500ml
砂糖 40g
鹽 1 小茶匙
冷飲用水適量

電鍋外鍋：
水 1 杯半

做法
1. 芋頭削皮、洗淨、切大塊，放入電鍋，外鍋加入水 1 杯半蒸熟。
2. 取一鍋煮超過 1 公升的滾水，水滾後倒入西谷米，然後轉小火，邊煮邊攪拌避免黏鍋，煮 10 分鐘後關火，把西谷米瀝乾，倒入冰塊水中，冰鎮可以增加 Q 度，然後瀝乾水分。
3. 將蒸熟的芋頭、砂糖、鹽、牛奶放入果汁機中，視情況加冷飲用水調整濃稠度，把所有材料打成泥。
4. 將芋頭牛奶泥與西谷米，混和攪拌均勻即完成。芋頭牛奶密封後，冷藏保存 3～5 天，冷凍保存 2 週。

Part 3　副食品實戰篇｜第四階段：副食品完成期（12～24個月）↓蘋果奶酥、芋頭牛奶西米露

香蕉花生奶昔

香蕉和花生的組合很速配，也是常見的吐司內餡抹醬。有些孩子在母奶轉換鮮奶的過程中，不習慣鮮奶的味道，這時候不如嘗試這道香蕉花生奶昔，微鹹微甜的香濃滋味，是寶寶補充熱量的長肉食譜。

寶寶的健康點心 　份量：300ml

這道菜有影片教學喔！

材料
香蕉 1 根
牛奶 250ml
鮮奶油 20ml
滑順花生醬 15ml

做法
1 將香蕉、牛奶、鮮奶油、花生醬放入果汁機，一起攪打均勻，成為奶昔。
2 當餐飲用完畢，風味最佳。

美味秘訣！
- 除了香蕉搭花生醬之外，也可以換成其它新鮮水果，如草莓、藍莓、覆盆子、火龍果、蘋果等等。
- 通常這類的果昔，可以做寶寶早餐搭配的飲品，或者當下午茶點心，因為熱量足夠，所以也會有飽足感。

義大利香料餅乾棒

義式餅乾棒又稱 Grissini，口感偏硬且脆，很適合當寶寶的磨牙點心。但因為偏硬，所以建議寶寶吃的時候，父母要在一旁陪同，視情況給予。

這道菜有影片教學喔！

寶寶的健康點心　份量：約 15~18 根

材料

高筋麵粉 200g
橄欖油 15ml
鮮奶 110ml
鹽 4g
速發酵母 3g
義式香料與
黑胡椒適量（可省略）

做法

1. 烤箱預熱 180℃；烤盤鋪上烘焙紙。
2. 準備一大碗，將高筋麵粉、鹽、酵母、黑胡椒、鮮奶，稍微混合，再加入橄欖油，揉 3～5 分鐘，然後用保鮮膜連碗一起包起，靜置鬆弛 20 分鐘。
3. 取出麵團，分成一顆顆等分後，搓揉成長條餅乾狀，放在烤盤裡，再蓋上乾淨的微濕毛巾，靜置鬆弛 20 分鐘後，把濕毛巾拿起來。
4. 放入烤箱，烤 17～20 分鐘，可以適當翻面，讓烘烤上色更均勻。
5. 密封後，冷藏保存 5 天，冷凍保存 2 週。若餅乾受潮，就放回烤箱烤一下，讓水分蒸發更好吃。

美味秘訣！

- 香料與黑胡椒的搭配會有點辛辣感，有些寶寶不喜歡吃，所以也能省略，就變成單純的牛奶棒。或者搓好麵條時用刷子刷點橄欖油，黏上黑白芝麻粒，就變成芝麻牛奶棒。

Part 3 副食品實戰篇｜第四階段：副食品完成期（12～24 個月）↓ 香蕉花生奶昔、義大利香料餅乾棒、蜂蜜蘆筍汁

蜂蜜蘆筍汁

蘆筍的鈣、磷、鉀、鐵含量都很高；微量元素則有鋅、銅、錳、硒、鉻等，其中所含的硒元素，正是治療、抵抗癌症的必要元素。料理削下來的蘆筍皮和硬梗，千萬別丟棄，這可是本次料理的主角。

寶寶的健康點心　份量：約 1200ml

這道菜有影片教學喔！

材料
蘆筍 15 支
（削下來的蘆筍皮和硬梗約 200g）
蜂蜜適量
冷飲用水 1.5L

做法
1 準備一湯鍋，放入蘆筍皮與硬梗，倒入冷飲用水 1.5L，開大火煮滾後轉小火，再蓋蓋子煮 30 分鐘。
2 用篩網過濾蘆筍汁，趁蘆筍汁尚熱的時候，可以加入喜歡的顆粒糖，溶解攪拌均勻，可以溫喝，或者當冷飲冰涼的喝都適合。
3 冷藏保存 5 天，冷凍保存 2 週。

美味秘訣！

- 蜂蜜建議 1 歲後攝取，若這道蘆筍汁中的蜂蜜改用其它糖分（紅糖、冰糖、砂糖、海藻糖、棕櫚糖、甜菊糖等），則這道飲品也可以讓 1 歲內的寶寶飲用。

國家圖書館出版品預行編目（CIP）資料

史上最強、最貼心營養師媽媽K力副食品影音教學全書
/K力著. -- 三版. -- 臺北市：新手父母出版，城
邦文化事業股份有限公司出版：英屬蓋曼群島商家庭
傳媒股份有限公司城邦分公司發行，2025.03
　　面；　　公分. --（育兒通；SR0095Y）
ISBN 978-626-7534-18-2(平裝)
1.CST: 育兒 2.CST: 小兒營養 3.CST: 食譜
　428.3　　　　　　　　　　　　　　114002762

\ 史上最強、最貼心 /
營養師媽媽 K 力 副食品影音教學全書 全新修訂版

作　　者／K 力
選　　書／林小鈴
主　　編／陳雯琪

行銷經理／王維君
業務經理／羅越華
總 編 輯／林小鈴
發 行 人／何飛鵬
出　　版／新手父母出版
　　　　　城邦文化事業股份有限公司
　　　　　台北市南港區昆陽街 16 號 4 樓
　　　　　電話：(02) 2500-7008　傳真：(02) 2502-7676
　　　　　E-mail：bwp.service@cite.com.tw

發　　行／英屬蓋曼群島商家庭傳媒股份有限公司城邦分公司
　　　　　台北市南港區昆陽街 16 號 8 樓
　　　　　讀者服務專線：02-2500-7718；02-2500-7719
　　　　　24 小時傳真服務：02-2500-1900；02-2500-1991
　　　　　讀者服務信箱 E-mail：service@readingclub.com.tw
　　　　　劃撥帳號：19863813
　　　　　戶名：書虫股份有限公司

香港發行所／城邦（香港）出版集團有限公司
　　　　　香港九龍土瓜灣土瓜灣道 86 號號順順聯工業大廈 6 樓 A 室
　　　　　電話：(852) 2508-6231　傳真：(852) 2578-9337
　　　　　E-mail：hkcite@biznetvigator.com
馬新發行所／城邦（馬新）出版集團 Cite (M) Sdn Bhd
　　　　　41, Jalan Radin Anum, Bandar Baru Sri Petaling,57000 Kuala Lumpur, Malaysia.
　　　　　電話：(603)90563833　傳真：(603)90576622
　　　　　E-mail：services@cite.my

封面設計／徐思文
內頁排版／鐘如娟
製版印刷／卡樂彩色製版印刷有限公司
2018 年 08 月 02 日初版 1 刷　|　2020 年 06 月 16 日二版 1 刷　|　2025 年 04 月 15 日三版 1 刷
Printed in Taiwan　定價 500 元
ISBN：978-626-7534-18-2（平裝）
ISBN：978-626-7534-17-5（EPUB）
有著作權・翻印必究（缺頁或破損請寄回更換）